发现科学百科全书

人类 ①

Discovery Science Encyclopedia

Human Beings

美国世界图书公司 编

陈仁杰 陈非儿 葛懿辉 姜宜萱 译

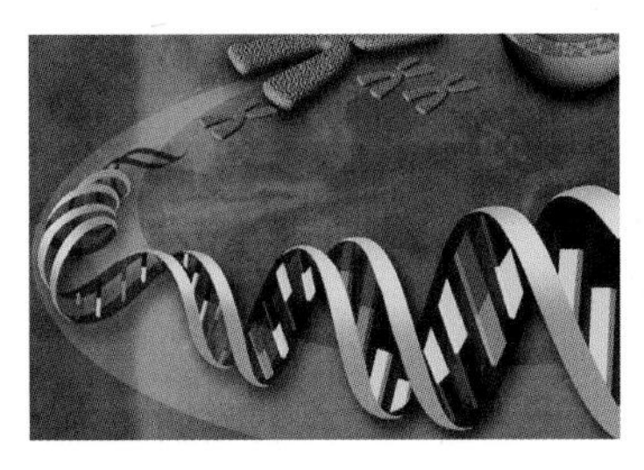

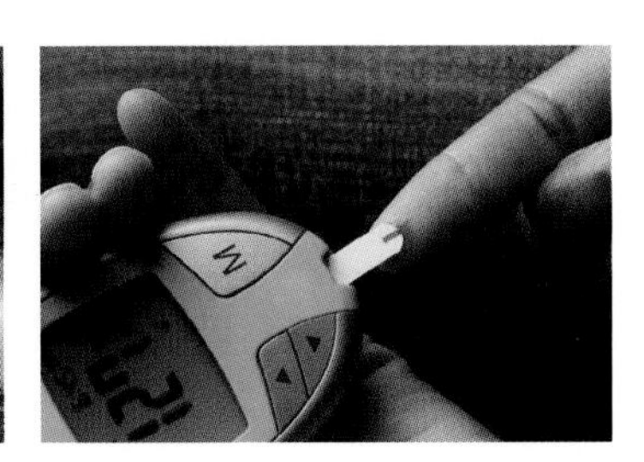

上海辞书出版社

上海市版权局著作权合同登记章：图字 09-2018-352

WORLD BOOK and GLOBE DEVICE are registered trademarks or trademarks of World Book, Inc.

Chinese edition copyright: 2021 SHANGHAI LEXICOGRAPHICAL PUBLISHING HOUSE All rights reserved. This edition arranged with WORLD BOOK, INC.

目 录

G

H

J

K

T

W

X

阿尔茨海默病

Alzheimer's disease

阿尔茨海默病是一种脑部疾病。患有这种疾病的人有思考和记忆困难。大多数阿尔茨海默病患者年龄都在60岁以上。

随着时间的推移，这种疾病通常会恶化。阿尔茨海默病患者可能会忘记姓名或交谈的内容，他们可能会一遍又一遍地问同样的问题。他们可能会变糊涂，甚至可能不认识家人或朋友。有些患者必须卧床休息，由他人照顾。

阿尔茨海默病无法治愈，但是有一些药物可以缓解症状。科学家正试图找出阿尔茨海默病的病因，他们正在努力寻找预防和治疗这种疾病的方法。

延伸阅读： 脑；疾病；记忆；痴呆。

阿普加评分

Apgar score

阿普加评分是用于评价婴儿出生时状况的方法。该评分衡量五项生命功能，分别是：(1) 肤色 (appearance)，(2) 心率 (pulse)，(3) 对刺激的反应 (grimace)，(4) 肌张力 (activity)，(5) 呼吸 (respiration)。这些功能的英文首字母组成了单词 Apgar。阿普加评分是在出生后第一分钟和第五分钟进行的。

新生儿每项功能的得分为0～2分，然后将分数相加，最高为10分。得分低于7分的婴儿可能需要紧急医疗救治。医生使用阿普加评分和其他指标来评估婴儿的短期健康状况。阿普加评分是由美国医生阿普加 (Virginia Apgar) 于1952年创建的。

延伸阅读： 婴儿；分娩；健康。

阿司匹林

Aspirin

阿司匹林是世界上最著名的药物之一。人们服用阿司匹林来治疗发烧、头痛、关节炎和缓解其他疼痛。阿司匹林也有助于预防心脏病和中风。

阿司匹林是一种呈苦味的白色粉末，可以被制成白色的小药片。

通常情况下,阿司匹林是安全的,但它有时会导致胃出血。有些人对阿司匹林过敏，服用阿司匹林会使他们产生不良反应。患有水痘或流感的儿童不可服用阿司匹林，因为这样会引起一种叫作瑞氏综合征的严重病症。

最早的阿司匹林是用柳树皮制成的。几个世纪以来，人们用柳树皮治疗发烧和疼痛。19 世纪，化学家在树皮中发现了一种化学物质，并用它来制造阿司匹林。

延伸阅读：关节炎；药物；发热；头痛；疼痛。

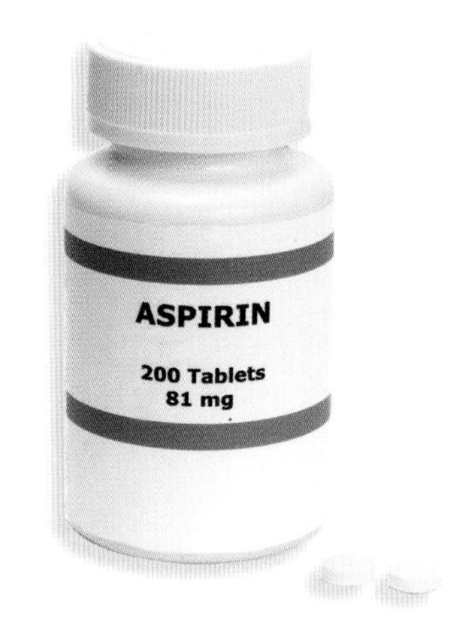

阿司匹林是世界上最常用的药物之一。它通常以白色小药片的形式出售。

埃博拉病毒

Ebola virus

埃博拉病毒是一种可以感染人体的微小病原微生物，它曾在非洲引起多次致命疾病的暴发。感染该病毒会引起发热、头痛、腹泻、呕吐和体内脏器严重出血。感染并发病的患者中大约有 80% ~ 90% 会死亡。

该病毒的名字来源于刚果民主共和国的埃博拉河。埃博拉疫情于 1976 年首次在刚果民主共和国及其周边地区暴发，造成数百人死亡。随后又有数次暴发。2014 年的暴发引起几内亚、利比里亚、尼日利亚和塞拉利昂等国总计数千人死亡。

埃博拉病毒主要通过接触感染者血液、唾液、汗液以及其他体液而传播。目前还没有针对埃博拉病毒的治疗药物和疫苗。卫生工作人员主要通过防止人群感染埃博拉病毒来对抗该病毒。

延伸阅读：疾病；病毒。

癌症

Cancer

癌症是一种由身体中的细胞增殖失控引起的疾病。人类、动物甚至一些植物都有可能患上癌症。癌细胞大量增殖并杀死其他正常的细胞。医生可以使许多癌症患者的病情好转，尤其是在癌症的早期。如果没有得到治疗，癌症患者往往会死亡。

人体是由大量细胞构成的。这些细胞生长并分裂成新的细胞。在癌症患者的身体中，某处的细胞会分裂太快，一次又一次的细胞分裂会生成太多的新细胞，这些新细胞聚集起来形成肿块，称为肿瘤。随着肿瘤变大，一些癌细胞可能会脱落并扩散到身体的其他部位，并在该部位形成新的肿瘤。

癌症可以攻击许多不同的身体部位。有超过100种不同类型的癌症，例如肺癌、脑癌、胃癌和皮肤癌。

科学家多年来一直在研究癌症，并且已经了解了很多导致癌症的原因。比如体内的每个细胞都含

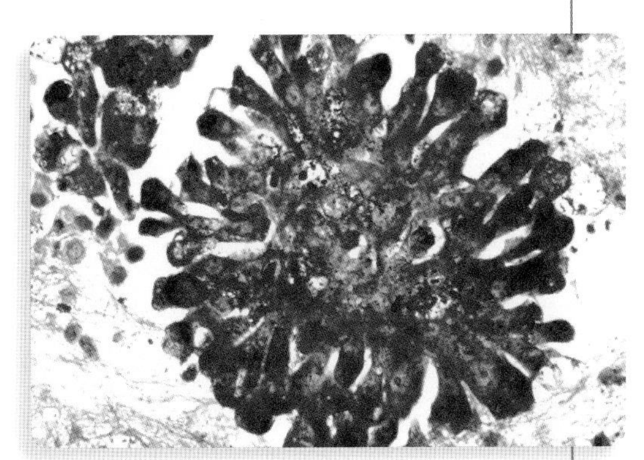

癌症从单个细胞开始。该图所示为乳腺癌细胞。

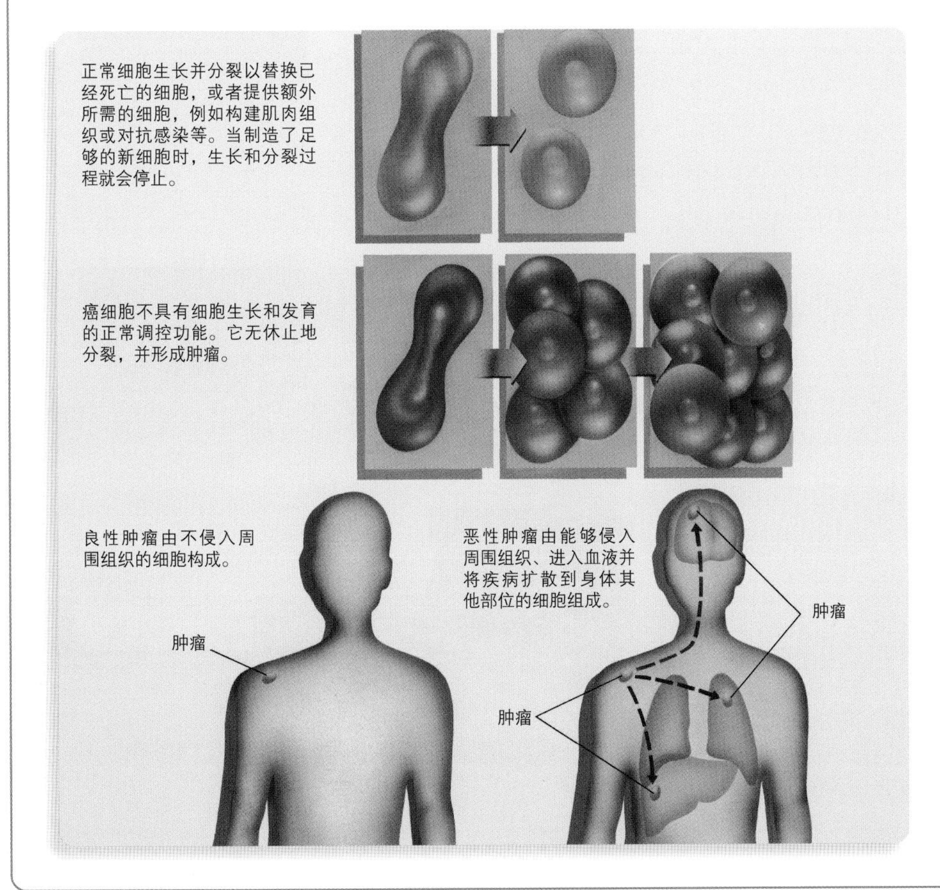

癌症由生长不受控制的细胞造成。它始于一个不会停止分裂的细胞，其分裂生成的细胞构成肿瘤。肿瘤能通过破坏重要器官和耗尽身体的养分而导致患者死亡。

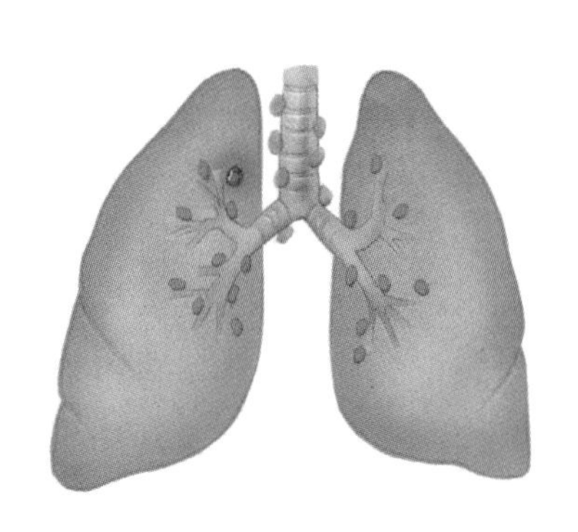
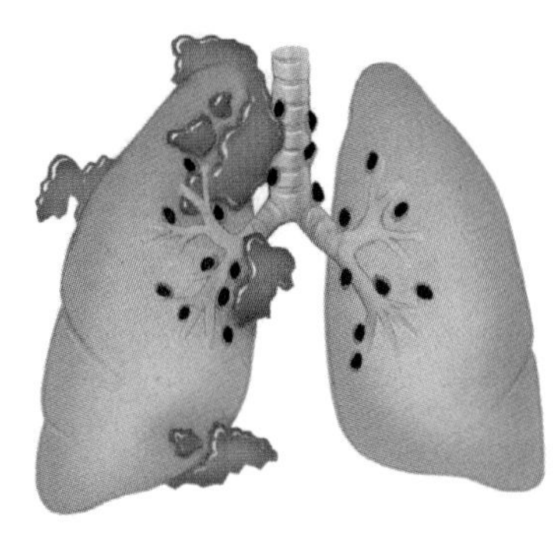

如果不治疗，肺癌可能会从肺部扩散到胸壁或膈肌和淋巴结。

有基因。基因控制细胞的生长和功能，可以告诉细胞何时开始或停止分裂。但癌细胞的基因遭到了破坏，从而不能调控细胞停止分裂。

科学家现在已经了解了损害基因并导致癌症的危险因素。吸烟会损害基因，因此吸烟的人可能患上肺癌。阳光会损害皮肤细胞中的基因，因此经常晒日光浴或是晒伤的人可能患上皮肤癌。

医生正努力寻找癌症的早期征兆。身体肿块可能预示着癌症，而医生会进行活组织检查来确认肿块内是否存在癌细胞。活组织检查是指医生从肿块中提取出细胞，然后实验室的工作人员在显微镜下检测它们是否为癌细胞。

如果活组织检查查出癌细胞，医生可能会通过手术切除肿瘤，或是制定化疗或放疗方案。在化疗中，患者服用能够杀死癌细胞的强效药物；放疗则利用高能 X 射线来杀死癌细胞。但这些治疗方法也会损坏健康细胞，导致患者恶心或掉发。另一些疗法则会协助身体的免疫系统攻击癌细胞，称为免疫疗法。

医生竭力清除患者体内的每一个癌细胞，因为任何残留的癌细胞都有可能长成新的肿瘤。当癌症在五年或更长的时间内没有复发时，患者很有可能就彻底摆脱了癌症。

延伸阅读： 活组织检查；乳腺癌；致癌物；细胞；化学治疗；基因；肺癌；皮肤癌；外科手术；晒伤；肿瘤。

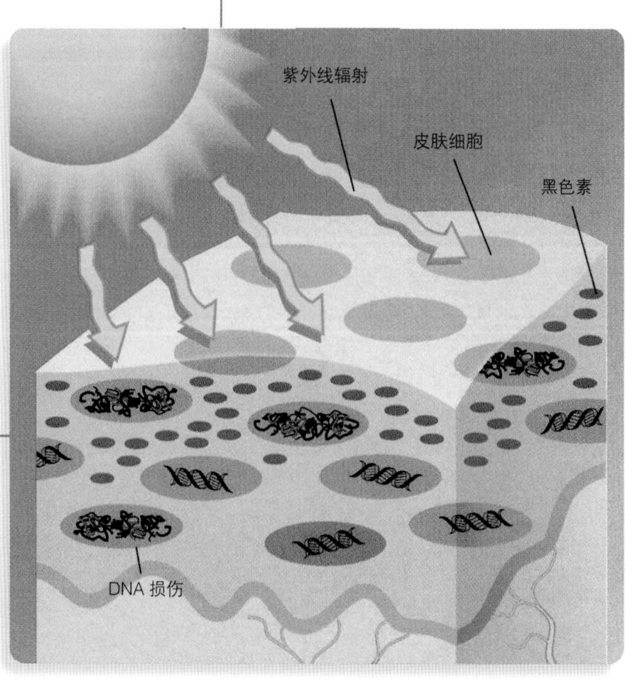

阳光会伤害皮肤中的基因，导致皮肤癌。当加速黑色素（一种皮肤中的色素）产生的修复过程出错时，就可能发生皮肤癌。

艾滋病

AIDS

艾滋病（获得性免疫缺陷综合征）是一种使人体衰弱的传染病。它可以使人们更容易患某些疾病。如果在艾滋病最后阶段发生感染可能会危及生命。艾滋病是由人类免疫缺陷病毒（HIV）引起的，这种病毒会攻击免疫系统。免疫系统是身体的一部分，可以抵御病毒和其他微生物。

人主要通过接触艾滋病患者的血液或体液而感染艾滋病。在感染艾滋病病毒后，可能需数年才会发病。

艾滋病在20世纪80年代初首次出现在美国。当时它几乎是致命的。从那以后，科学家研发了更好的药物来治疗艾滋病。这些药物无法治愈艾滋病，但它们可以帮助艾滋病患者活得更长、更健康。

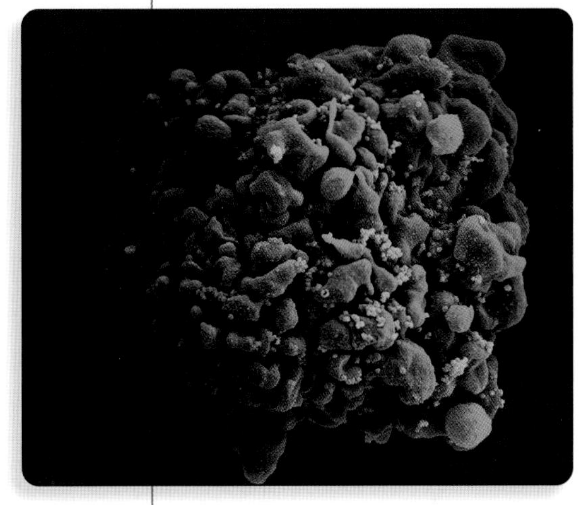
人类免疫缺陷病毒（图中黄色圆点）可穿透白细胞表面。人类免疫缺陷病毒感染是艾滋病的病因。

延伸阅读： 疾病；免疫系统；公共卫生；病毒。

安德森

Anderson, Elizabeth Garrett

伊丽莎白·加勒特·安德森（1836—1917）是英国第一个获得行医执照的女医生。她努力帮助其他女性成为医生，还为妇女权益而工作。

安德森是在跟随医生照顾病人期间学习医学的。她想成为一名医生，但英国没有一所医学院愿意录取女性。她了解到女性可以通过参加考试成为药剂师，于是她参加并通过了考试。1865年，安德森获得行医执照。

1870年，安德森从索邦大学（现为巴黎大学）获得医学学位。在长达19年的时间里她一直是英国医学会唯一的女性成员。她曾担任伦敦女子医学院院长达20年之久。

安德森在伦敦创办了一家妇女医院。它现在被命名为伊丽莎白·加勒特·安德森医院。

安德森

延伸阅读： 医学；医生。

安非他命

Amphetamine

安非他命是一种使人兴奋的药物。安非他命使人们感觉更加清醒并减少饥饿感，也可能使人们感到头晕、紧张或颤抖。医生可能会使用安非他命来治疗某些疾病。例如他们可以使用这些药物来控制饥饿感以帮助患者减肥，或者给那些注意力不集中、坐立不安或无法控制自己行为的病人服用安非他命。

服用安非他命的人通常需要持续增加用药剂量来维持相同的疗效。长期服用安非他命会使人上瘾，这意味着他们无法停止服药。在美国和许多其他国家，未经医生处方使用安非他命是违法的，但有些人为了在运动中感觉更好或表现更好而非法服用安非他命。

延伸阅读： 药物；药物滥用；饥饿；体重控制。

氨基酸

Amino acid

氨基酸是一种存在于生物体内的化学物质。是蛋白质的基本组分。蛋白质是生物细胞的重要组成部分。大多数蛋白质由约 20 种氨基酸经不同组合而成。所有氨基酸都含有碳、氢、氧和氮元素。有些氨基酸含有硫元素。

植物可以制造它们需要的所有氨基酸，但人类和其他动物不能。人类必须从食物中获取多种氨基酸。富含蛋白质的食物是氨基酸的良好来源，这些食物包括鸡蛋、肉类、牛奶和一些蔬菜。身体将食物蛋白质分解成氨基酸，然后将氨基酸连接起来形成身体所需的蛋白质。

延伸阅读： 细胞；食物；营养学；蛋白质。

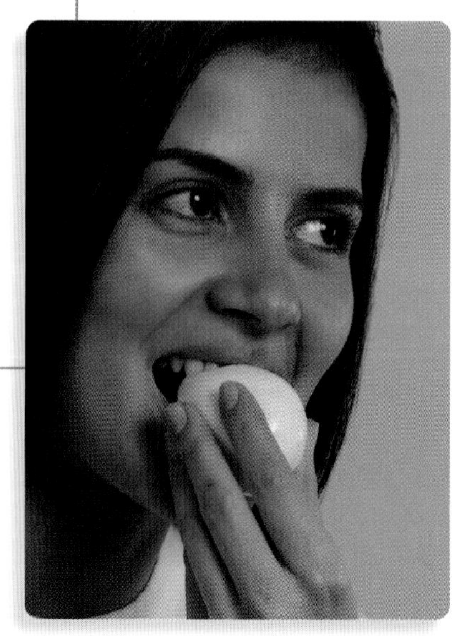

富含蛋白质的食物是氨基酸的良好来源，这些食物包括鸡蛋、肉类、奶制品、豆类和一些蔬菜。

巴甫洛夫

Pavlov, Ivan Petrovich

伊万·彼得罗维奇·巴甫洛夫（1849—1936）是苏联生理学家。因在消化方面的研究获1904年诺贝尔生理学或医学奖。巴甫洛夫揭示了身体的不同部位是如何分泌不同的化学物质来分解食物的。例如，口腔的某些腺体会将唾液分泌到食物中以开始消化。唾液是一种可以帮助身体分解食物的黏稠液体。胃、胰腺和肝脏也可以分泌化学物质帮助消化食物。

巴甫洛夫还研究了大脑的运作方式。通过实验，巴甫洛夫了解到动物可以接受训练以对刺激做出反应。

巴甫洛夫用狗做实验。每次给狗喂食时他都会摇铃。一段时间后，只要听到铃声狗就会开始分泌唾液，就像食物来了一样。狗已经学会将铃声的刺激与食物联系起来，即使铃声和食物最初是无关的。巴甫洛夫认为人们以同样的方式学到了很多东西。

延伸阅读： 消化系统；腺体；学习；生理学；反射；唾液。

巴甫洛夫

巴雷

Paré, Ambroise

安布鲁瓦兹·巴雷（约1510—1590）是一名法国医生，是近代外科学的主要奠基人之一。

在巴雷之前，大多数医生都用沸油烧灼的方法处理伤口。巴雷废止了这种做法。他采用绷带绑扎治疗外伤的方法。在手术过程中，他缝合血管以止血。这些工作有助于改善手术方式。

巴雷在法国军队学习医学。1552年，他成为法国国王亨利二世的外科医生。后又成为查理九世和亨利三世的首席外科医生。

延伸阅读： 医学；外科手术。

巴雷

巴斯德

Pasteur, Louis

路易斯·巴斯德(1822—1895)是一位伟大的法国科学家。他的工作挽救了许多生命。

巴斯德出生于法国多尔。他在早年就展示出了非凡的艺术才华。后来他到巴黎学习化学。26岁时,他因化学上的成就而闻名。然而,他很快就转而研究细菌。

巴斯德是指明生命只能来自生命的第一人。在此之前,许多科学家认为生命可以来自不具有生命的物体,比如尘土。巴斯德还指出,细菌的传播可以得到控制。

在19世纪60年代早期,巴斯德发现细菌可以被高温杀死。这种灭菌方法后来被称为巴氏灭菌法。巴斯德使用这种方法来控制葡萄酒、牛奶、啤酒和食物中的细菌生长。

1865年,一种疾病使蚕大量死亡。巴斯德证明是一种侵害蚕卵的细菌引起了这种疾病。然后他指出,杀灭细菌可以消除这种疾病。

巴斯德的许多发现仍然在卫生和医学领域发挥重要作用。他的大多数工作都涉及防止细菌滋生。

巴斯德证明许多疾病都是由病原微生物引起的,然后他发现病原微生物的毒力可以在实验室条件下变弱。把这样的病原微生物引入动物体内时,动物可以抵抗病原微生物而不会生病。这种方法称为疫苗接种。

延伸阅读: 细菌;疾病;病原微生物;食物;免疫接种。

白喉

Diphtheria

白喉是一种影响上呼吸道系统或皮肤的传染病,会引起严重甚至致命的疾病。白喉通过患者咳嗽或打喷嚏传播。

19世纪后期,白喉在美国和西欧很常见,但现在这种疾病变得很少见。20世纪20

年代起，人们通过免疫接种的方式防治白喉，免疫接种是一种保护身体免受疾病侵害的方法，大大减少了白喉的发病数量。

白喉是由细菌引起的，白喉病菌通常定植于上呼吸道、扁桃体、口腔后部和上喉部的内壁。

患有白喉的人会出现喉咙痛、发烧和颈部肿胀的症状。扁桃体和喉咙上可能形成厚厚的灰色膜，它甚至可以延伸到鼻腔或向下延伸到气管和肺部。该膜可能会引起呼吸或吞咽困难。在某些情况下，它可以阻塞呼吸道，不及时治疗可导致死亡。

延伸阅读： 细菌；咳嗽；疾病；发热；免疫接种；公共卫生；呼吸；打喷嚏。

白化病

Albinism

白化病是植物或动物体内不能产生某些色素的疾病。白化病患者皮肤呈乳白色，头发呈白色，眼睛呈粉红色。

大多数白马、白鸡或白鸭的眼睛、嘴或腿都有颜色，它们只是患了部分白化病。患有部分白化病的植物可能开纯白色的花。

白化病患者因其基因变异而没有正常的颜色。基因是生物体细胞中的微小结构，可以帮助确定植物或动物的特征，包括颜色。

延伸阅读： 眼睛；基因；毛发；黑色素；皮肤。

白化病患儿由于无法产生深色素，皮肤呈现浅色。

白内障

Cataract

白内障是由眼内晶状体浑浊引起的疾病。晶状体是透明的圆形结构，可以帮助人们清楚地看到物体。

人们可以看到物体是因为物体反射的光线进入眼睛，穿过瞳孔，瞳孔后面的晶状体聚焦光线，使它们发生折射并会聚在视网膜上。光线的聚焦使人们看到清晰的画面。

随着年龄的增长，白内障就有可能慢慢产生。某些疾病或者伤害也可能导致白内障。当大部分晶状体变得浑浊时，人就会看不到东西。医生可以通过取出浑浊的晶状体，放入替代的塑料材质晶状体进行治疗。

延伸阅读： 失明；眼睛。

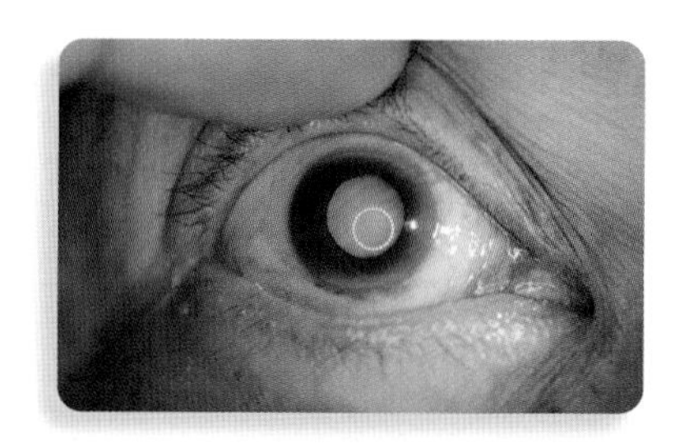

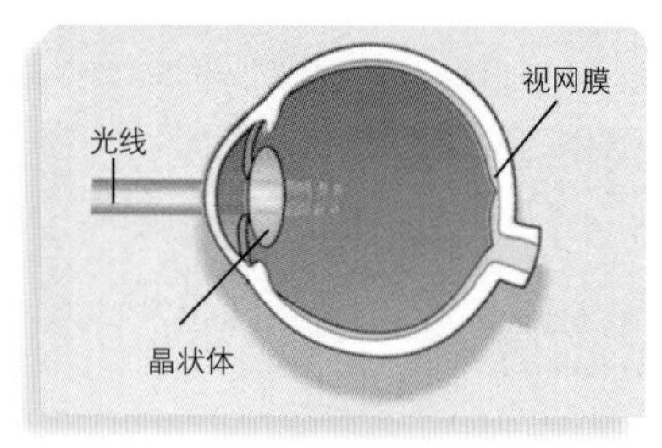

患白内障的眼睛

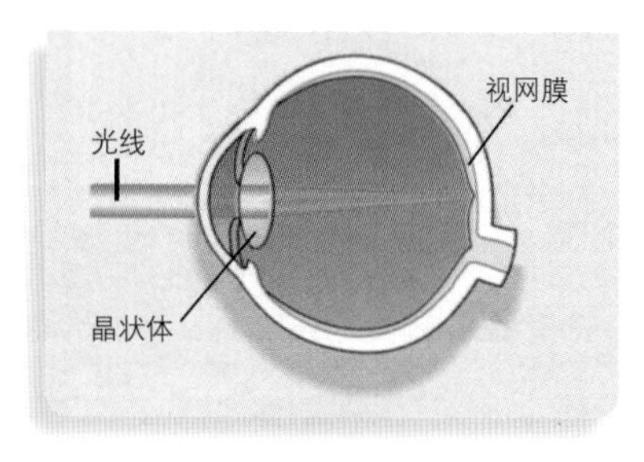

正常眼睛

白内障是由眼内晶状体浑浊造成的（顶部图）。当光线通过透明的晶状体时，它们会聚焦在眼球后部的视网膜上。但当晶状体由于年龄增长变得浑浊时，它就会阻挡光线。

白细胞

White blood cell

白细胞也叫白血球，是血细胞的一种，有助于保护身体免受病原微生物侵害。白细胞能破坏病原微生物，保持身体健康。

白细胞有不同种类，多数呈圆形，无色。有些白细胞通过包围细菌并将其分解来杀死细菌。其他白细胞产生抗体。抗体会破坏细菌、病毒以及其他进入人体的有害物质。

除了白细胞外，血液还有另外两种血细胞，即红细胞和血小板。

延伸阅读： 抗体；细菌；血液；病原微生物；免疫系统；红细胞；病毒。

在这张血管内部的照片中可以看到白细胞和红细胞。照片是用高倍率显微镜拍摄的。

白血病

Leukemia

白血病是一种癌症。患癌症后，身体中的细胞增殖失控，产生远超出身体所需的细胞。细胞是构成人和所有其他生物的基本单位。

患白血病后，某些白细胞开始增殖失控。它们阻止人体制造正常的白细胞。正常的白细胞有助于身体抵抗感染。白血病患者可能会更频繁地感染或出血。

对于某些种类的白血病，医生使用强力的化学物质来杀死问题白细胞。对于其他种类的白血病，医生用一些健康人的骨髓（骨内制造血液的一种物质）代替病人的骨髓。

延伸阅读： 癌症；化学治疗；疾病；白细胞。

成熟白细胞

不成熟白细胞

在白血病患者的身体中，骨髓中的许多白细胞未能正常成熟。这些异常细胞往往繁殖迅速，给正常血细胞生长留下的空间很小，结果使细胞缺乏保护机体抵抗感染和疾病的能力。

百日咳

Whooping cough

百日咳是一种多发于婴幼儿的疾病。

百日咳始于鼻塞、咳嗽、发热。约两周后病情加重。百日咳患者常常在夜间醒来，咳嗽得很厉害，难以呼吸。他们会咳出黏液。有些人，特别是婴儿，可因百日咳而死亡。

在美国，大多数儿童接种疫苗以预防百日咳。然而，百日咳在21世纪却越来越普遍。医生也可在患病初期给百日咳患者开药，以免病情变得过于严重。

延伸阅读： 婴儿；儿童；咳嗽；疾病；发热；黏液。

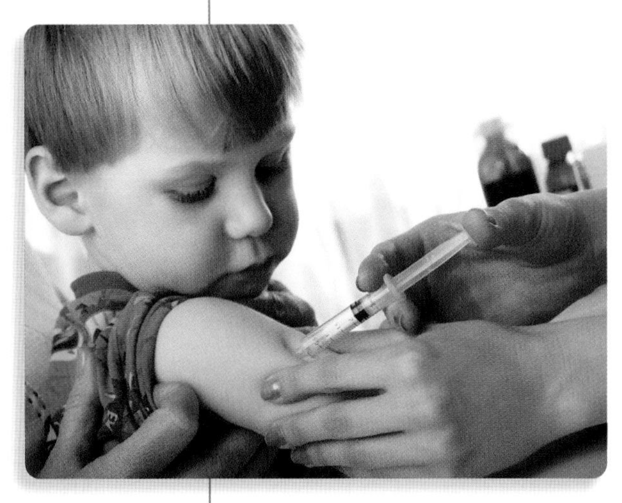

医生给幼儿注射疫苗以预防百日咳。这种疾病对婴幼儿非常危险。

班廷

Banting, Sir Frederick Grant

弗雷德里克·格兰特·班廷爵士（1861—1941）是加拿大著名的医生。他参与发现了胰岛素——一种用于治疗糖尿病的药物。糖尿病患者通常存在糖代谢紊乱。

30岁时，班廷在多伦多大学的一个实验室工作。他与苏格兰医生麦克劳德（John James Rickard Macleod）等人一起致力于寻找一种有助于控制糖尿病的物质。他们仅用八个月就发现了胰岛素，这是医学史上最重要的发现之一。如果没有胰岛素，数百万的糖尿病患者将会死亡。班廷和麦克劳德在1923年获得了诺贝尔生理学或医学奖。

班廷出生于安大略省阿利斯顿市附近。他的发现帮助了全世界数百万人。

延伸阅读： 糖尿病；胰岛素。

班廷

保温箱

Incubator

保温箱是医院中用来帮助婴儿生存和成长的设备。

有时早产儿抵抗力很弱，难以适应外部环境。医生会把婴儿放在保温箱里。婴儿保温箱看起来就像带透明罩子的婴儿床，帮助新生儿保持体温和健康。

延伸阅读： 婴儿；分娩。

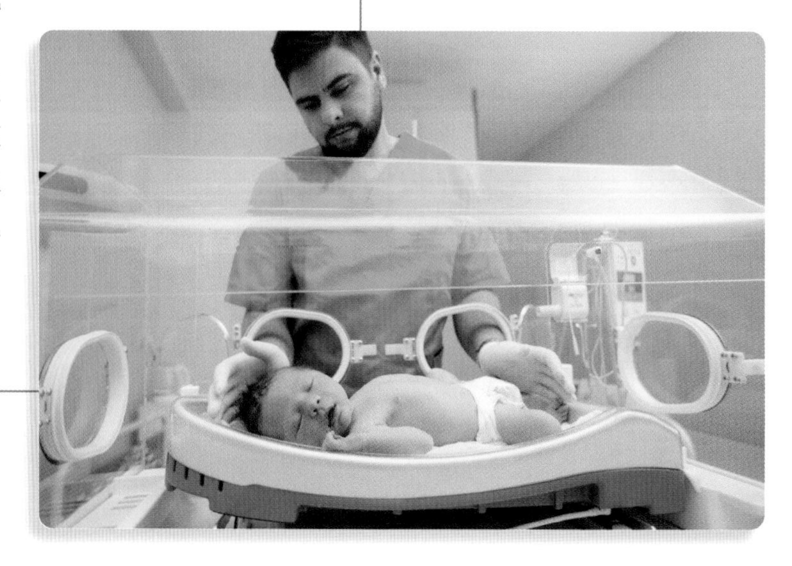

早产儿或患病新生儿在保温箱中可以保持恒温、恒湿和恒氧水平。

鼻

Nose

鼻是人的呼吸和嗅觉器官。当我们呼吸时，空气通过两个鼻孔进入鼻子。鼻孔之间是鼻中隔，一层由坚硬组织和骨骼组成的薄壁。空气从鼻孔通过两个鼻腔，再通向喉咙的上部，然后进入肺部。

鼻腔上覆盖着黏膜和微小的纤毛，它们可以防止灰尘、细菌和液体进入肺部。在鼻腔的最高部分，有一小块大约硬币大小的黏膜。这是嗅觉神经所在的地方。嗅觉神经能帮助我们闻到气味。当我们感冒时，我们有时无法闻到气味，因为感染会阻碍空气进入嗅觉中枢。

延伸阅读： 软骨；黏液；鼻出血；呼吸；嗅觉。

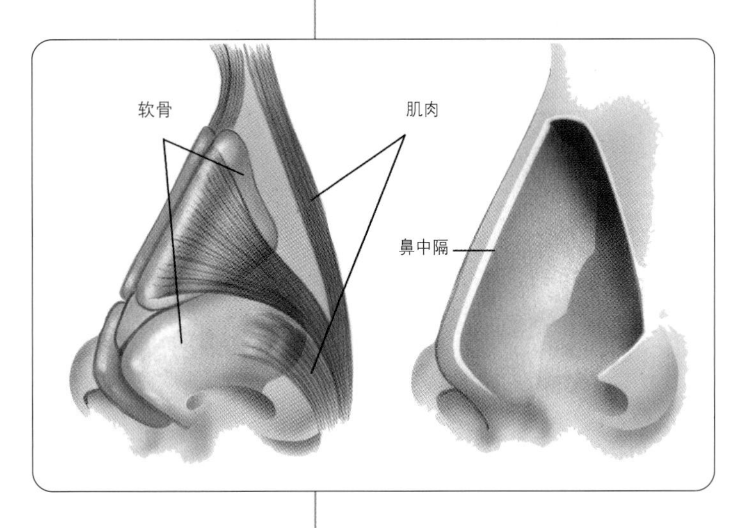

鼻子主要由软骨组成。鼻中隔是分隔鼻腔通道的壁，其最前部也主要由软骨组成。

鼻出血

Nosebleed

鼻出血通常是指血液从鼻子中流出的情况。大多数鼻出血是由于鼻子内侧的皮肤状黏膜层损伤造成的。鼻出血也可能是疾病或受伤的征兆。

许多血管携带血液通过鼻内的黏膜。如果黏膜变干，即使微小的划痕也会破坏血管。

为阻止鼻出血，坐下来身体前倾，把下巴放在胸前。然后，捏住鼻孔约10分钟或直到出血停止。如果鼻出血没有停止，应当寻求医疗帮助。

延伸阅读： 出血；鼻。

为了阻止鼻出血，坐下来身体前倾，捏住鼻孔约 10 分钟或直到出血停止。

鼻窦

Sinus

鼻窦是鼻腔周围与鼻腔相通的多个含气的骨质空腔。人类的鼻窦有四组，位于额头附近、鼻子两侧和鼻腔上方。有助于使头骨更轻，颈部能将头颅撑起。

鼻窦含有黏膜。鼻腔的感染可以扩散到鼻窦，严重时会导致颅腔和面部感染，引起头晕和流鼻涕等不适症状。休息和药物可治疗多数鼻窦感染。

延伸阅读：头痛；黏液；鼻；头骨。

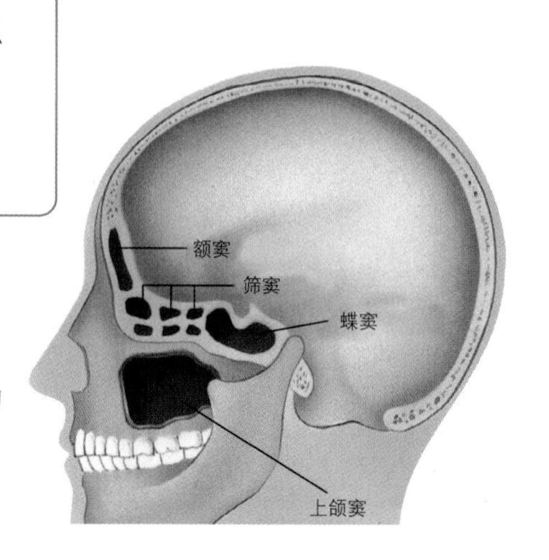

人类的鼻窦有四组：前额的额窦；颧骨的上颌窦；鼻腔上方的筛窦；蝶窦。

扁平足

Flatfoot

扁平足表现为足弓消失或塌陷。这种情况是由于韧带不足以支撑足弓引起的。韧带将体内器官固定到位，并且将骨头固定在一起。

许多人认为扁平足会引起疼痛，但是事实并非如此，因为足弓的高低并不影响足部功能。

延伸阅读：脚；韧带。

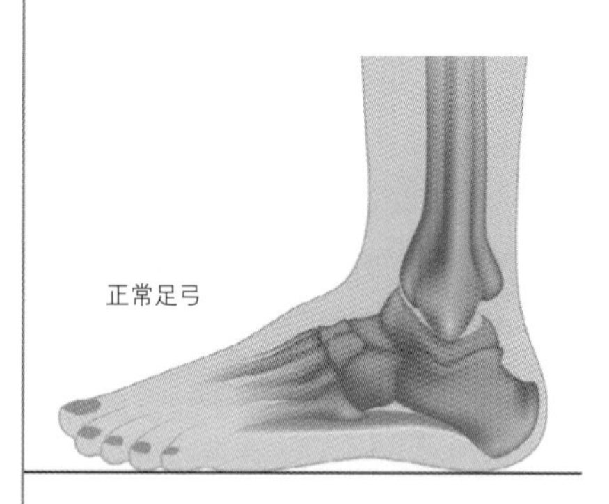

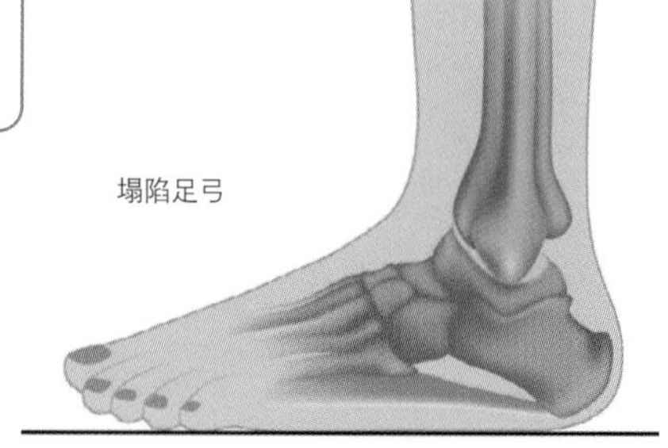

扁平足的人，其足弓是塌陷的。

扁桃体

Tonsil

扁桃体是位于咽喉后部的人体器官。通常所说的扁桃体指腭扁桃体，是喉咙后部两侧的深粉红色区域。人的舌头后部有舌扁桃体。还有咽扁桃体，也叫腺样体，靠近通向鼻子的通道。这三种扁桃体一起围绕着咽喉后部形成一个环。

许多医学专家认为扁桃体可抵御通过口腔进入人体的病原微生物。有时喉咙后部的腺样体和腭扁桃体会变得严重肿胀，必须通过手术切除。

延伸阅读： 腺样体；口腔；扁桃体炎。

咽喉里有三种扁桃体。随着儿童年龄的增长，他们的扁桃体通常会变小。

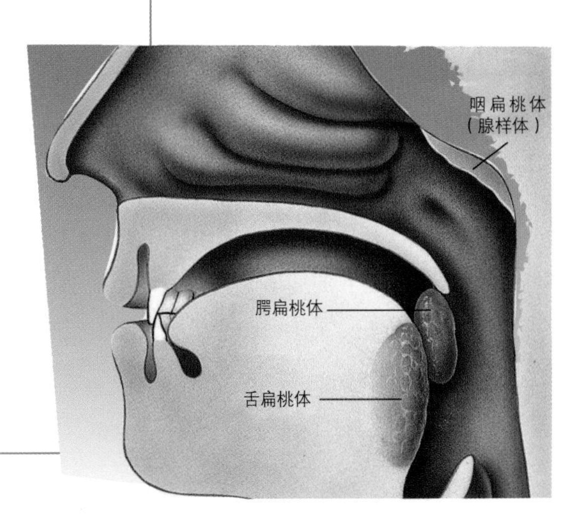

扁桃体炎

Tonsillitis

扁桃体炎是由扁桃体肿大引起的一种疼痛性疾病。它是由细菌或病毒引起的，多发于10～40岁的人群。发作始于咽喉肿痛，还使吞咽变得困难，严重的还可能引起发烧、头痛、腰酸或脖子僵硬甚至胃病。

扁桃体炎患者应卧床休息，服用阿司匹林，用盐水漱口。有的人长期患有扁桃体炎或者反复患病，医生通常会摘除这些病人的扁桃体，摘除扁桃体的手术称为扁桃体切除术。

延伸阅读： 细菌；疾病；病原微生物；扁桃体；病毒。

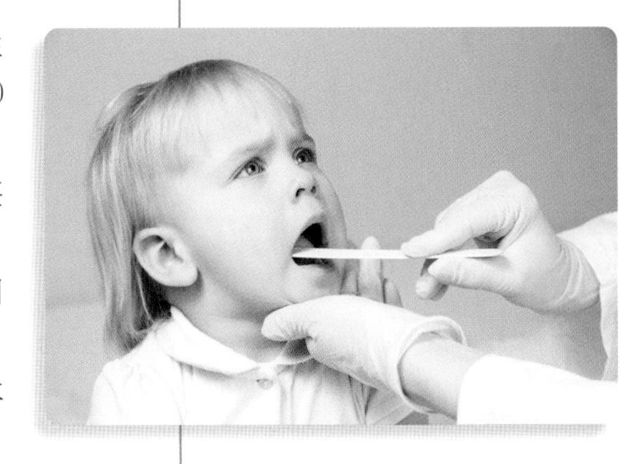

医生检查孩子是否患有扁桃体炎。

变态心理学

Abnormal psychology

变态心理学是研究精神障碍的一门学科。精神障碍会影响人们的思维、言语、感受和行为。任何奇怪的行为或思维方式都可以称之为异常，但只有当损害自身健康或威胁他人时才称之为精神障碍。

人们曾经认为是恶魔或幽灵导致了这类异常行为。人们惧怕精神有问题的人，许多精神病患者被悲惨地囚禁在精神病院中。到18世纪后期，这种状况开始发生改变。人们开始更加人性化地治疗精神病患者。到了19世纪，人们开始从身体中寻找病因。

如今，心理学、精神病学和社会服务领域的专业人士对变态心理学进行研究，致力于了解和治疗精神障碍。

延伸阅读： 脑；情绪；精神疾病；思想；心理学；精神病学。

便秘

Constipation

便秘是指机体排便困难。便秘的人排便不规律，且可能伴有下腹部疼痛和压痛。

便秘可能是由肠道肌群动力不足引起的。当一个人没有摄入某些特定的食物，特别是含有膳食纤维的食物时，也可能发生便秘。此外，便秘也可能由肠道疾病引起，例如肿瘤的生长可能会阻塞肠道引起便秘。

对于因不良饮食习惯引起的便秘，病人应该多吃含有膳食纤维的食物，包括绿色蔬菜、水果、全麦面包和谷物。每天喝足够的水也可以帮助排便。便秘可能是严重疾病的征兆。如果便秘持续的时间过长，应该及时就诊。

延伸阅读： 消化系统；膳食纤维；食物；肠。

表皮

Epidermis

表皮是皮肤的外层。位于真皮之上,大概有一张纸的厚度。

表皮的上层由死细胞或将死的细胞构成,下层则由活细胞构成。新的皮肤细胞总是在表皮下层中产生。这些细胞中的一部分移动到表皮上层,它们在这里产生角质。角质使皮肤变得粗糙。随着时间推移,这些细胞死亡并到达皮肤表面,最终脱落。

在表皮下层的细胞产生黑色素,黑色素是一种黑褐色的色素,黑色素越多,皮肤也就越黑。

延伸阅读: 真皮;毛发;黑色素;皮肤。

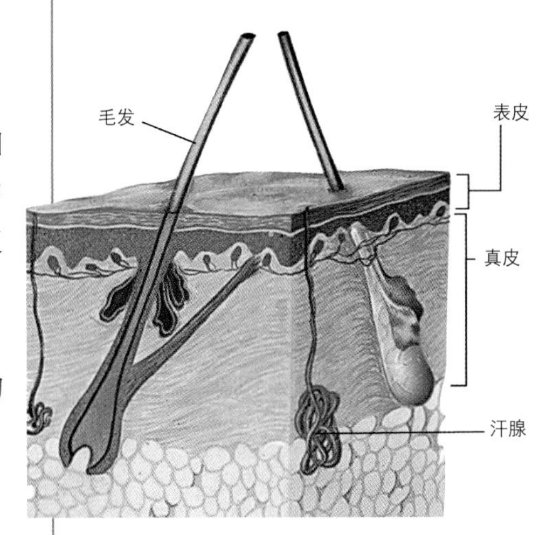

表皮是皮肤的最外层,不断有死细胞从上面脱落。

病毒

Virus

病毒是一种攻击植物、动物和细菌的细胞的微生物。细胞是生命的基本单位。病毒生活在细胞内部,在那里它可以复制自身。病毒非常微小,只有使用高倍率的显微镜才能看到。

有些病毒会通过感染细胞使人和其他动物生病。病毒引起人的普通感冒、流感和麻疹。狂犬病病毒可能导致人、狗和许多其他哺乳动物死亡。

病毒可以通过皮肤上的伤口进入人体。人也会吸入一些病毒,甚至可能吃下或喝下含有病毒的东西。

延伸阅读: 细胞;疾病;病原微生物;西尼罗河病毒。

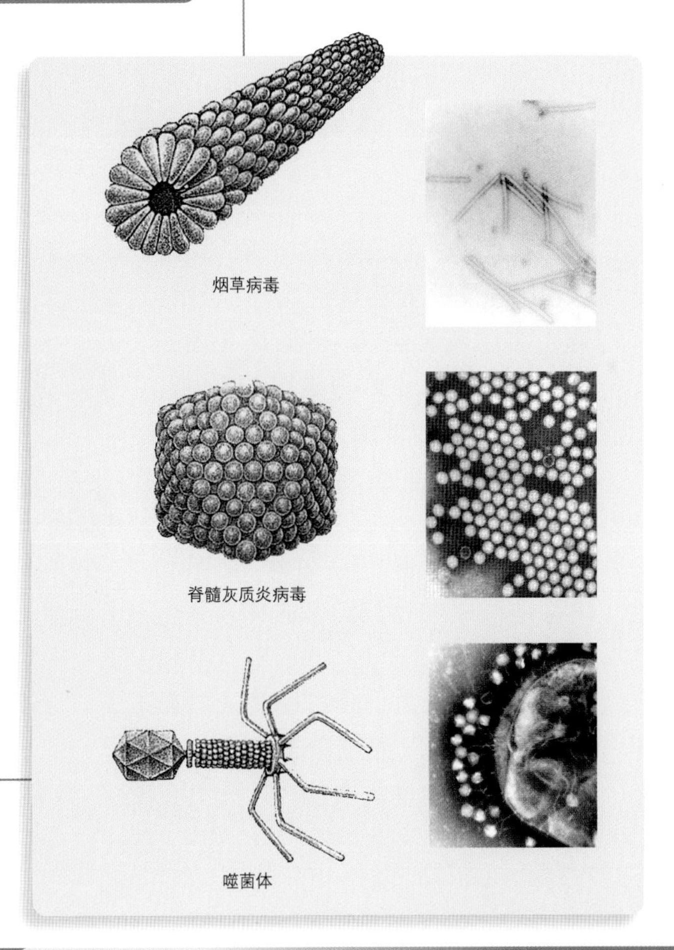

有些病毒,如烟草病毒,呈棒状。另一些病毒,如脊髓灰质炎病毒,则更为圆润。还有的,如噬菌体,在显微镜下观察时,看起来像有尾巴。噬菌体会感染细菌。

病理学

Pathology

病理学是研究疾病的学科。

大多数病理学家在实验室工作。他们使用特殊设备，如显微镜。显微镜可以帮助病理学家看到非常微小的物体，如病原微生物。

一些病理学家研究动物疾病。他们希望通过研究某种疾病对动物的影响，从而了解该疾病对人的影响。

另一些病理学家进行测试来帮助医生治疗患者。一些测试可以准确告诉医生患者究竟得了什么病，另一些测试可以判断某些身体部位或体液（如血液）是否健康。

延伸阅读： 疾病；病原微生物；医学；公共卫生。

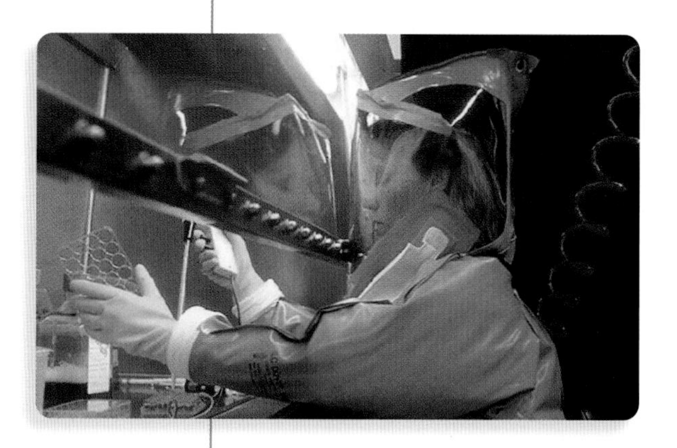

在美国疾病控制和预防中心工作的病理学家正在实验室进行测试，以求解决许多关于疾病的谜团。

病原微生物

Germ

病原微生物是导致疾病的微生物。由病原微生物导致的疾病称感染性疾病或传染病。传染病是由病原微生物进入体内并增殖导致的。有些病原微生物可以损伤或者破坏体内细胞，还有些则产生毒素危害身体。

病原微生物有许多种。细菌和病毒是造成大多数疾病的病原微生物。

细菌是仅由一个细胞构成的微生物。细菌可以通过鼻子、口腔、皮肤伤口或食物进入人体，随后开始增殖，数量迅速上升。一

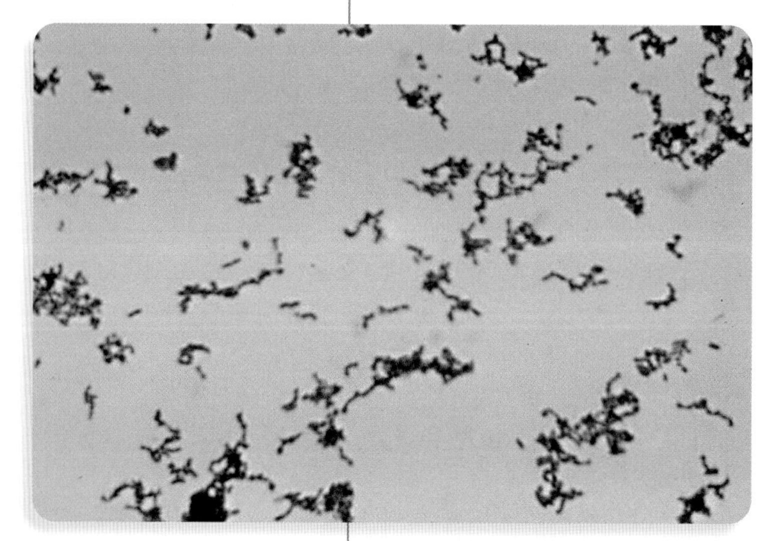

这些微小的细菌可以导致痤疮。

些细菌可以造成严重的疾病，例如肺结核。另一些细菌导致的疾病则轻微一些，例如粉刺。

病毒要比细菌更小。不同于细菌，病毒不太具有活性。它们不能自我增殖。当病毒进入机体后，它们会入侵细胞，并利用细胞复制产生更多的病毒。许多疾病是由病毒造成的，包括感冒、流感和麻疹。

其他类型的病原微生物也可以造成疾病，例如一些皮肤感染是由真菌造成的。

病原微生物通过多种途径散播。病原微生物可以通过咳嗽和喷嚏进入空气中，进而再传染给其他人；不干净的手也可以将病原微生物由一个人传给另一个人；昆虫，例如蚊子和跳蚤可以通过叮咬播散病原微生物；病原微生物还可以通过不干净的饮用水或未煮熟的食物来传播。

延伸阅读： 细菌；咳嗽；消毒剂；疾病；食物中毒；打喷嚏；毒素；病毒。

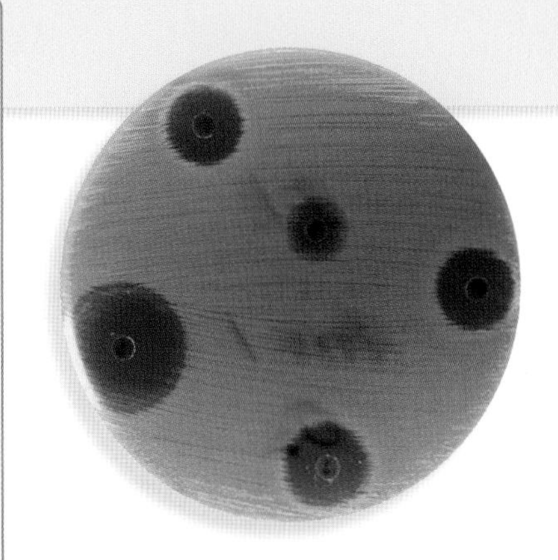

科研工作需要的细菌菌落（图中的黑点）生长在培养皿中。许多细菌是无害的，但是有些细菌是致病的。

正确的洗手方式可以去除皮肤上大多数病原微生物。许多感染性疾病可以通过脏手传播。

博蒙特

Beaumont, William

威廉·博蒙特（1785—1853）是一名美国医生。他因对消化的研究而闻名。

1822年，博蒙特是一名为美国陆军工作的外科医生。他治疗了一名腹部受枪伤的男子。伤口使病人的胃露了出来。这名男子活了下来，但伤口一直没有愈合。

病人同意让博蒙特观察并记录他的胃是如何消化各种食物的。当时，医生不知道胃是如何分解食物的。

1833年，博蒙特出版了一本书，书里描述了对患者进行的200多次实验。这本书对我们了解胃的运作有很大帮助。

博蒙特

博蒙特于1785年11月21日出生于康涅狄格州的莱巴嫩，于1853年4月25日去世。

延伸阅读： 消化系统；胃。

不孕不育

Infertility

不孕不育是指男女双方不能共同生育子女。这可能是暂时且可以治疗的，但也可能是永久性的。

不孕不育可能是生殖系统发育异常、功能异常或疾病所致。有时可以追溯到男性或女性某一方的问题。但很多时候，不孕不育是由与双方都有关的一系列原因造成的。

无论男女，都能用手术治疗某些种类的不孕不育。医生用抗生素治疗那些导致不孕不育的感染，用激素可治疗因腺体功能失常引起的不孕不育，医生会用生育药物来提高男性精子和女性卵子的产量。精子问题引起的不孕不育可以用人工授精来治疗，在这个过程中，医生把来自丈夫或捐赠者的精子直接放进女性的生殖系统。

延伸阅读： 抗生素；受精；激素；人类生殖。

布莱克威尔

Blackwell, Elizabeth

伊丽莎白·布莱克威尔（1821—1910）是美国第一个持照的女医生。她出生在英国，11岁时随家人移居美国。

在布莱克威尔生活的年代里，大多数人认为只有男性才能成为医生。在美国没有一所医学院愿意录取她，最终纽约州的一所学校录取了她。她于1849年以全班第一的成绩毕业。

很少有人认可布莱克威尔的医生身份，但她为其他女性开辟了从医的道路。她于1857年开办了一家医院，1868年开办了一所女子医学院。布莱克威尔于1869年回到英国，在那里度过了余生。她一生致力于向女性开放医疗职业。

延伸阅读： 医学；医生。

布莱克威尔

残疾

Disability

残疾是一种影响人们日常生活自理能力的身体状态。残疾使一个人的身体或心灵都受到影响。残疾可以是失明、耳聋或畸形，还包括失去手臂或腿、精神疾病、智力障碍以及肌肉和神经问题。

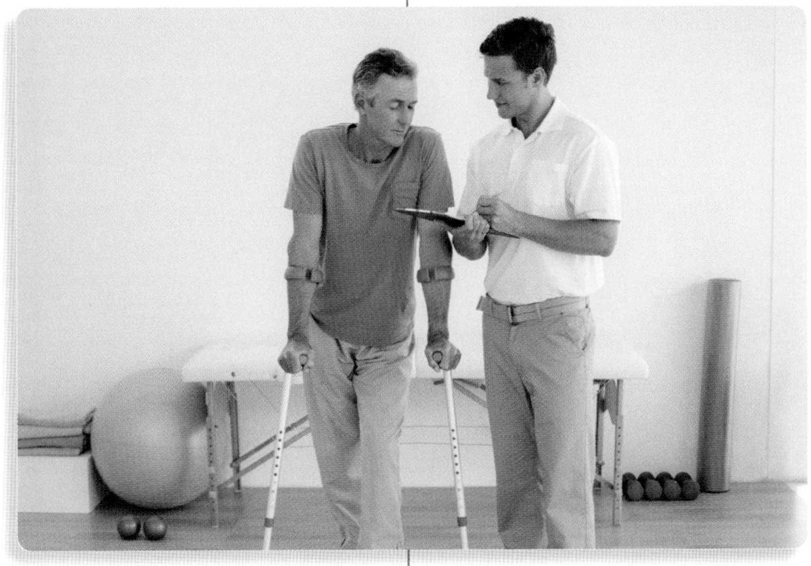

物理治疗师能帮助那些不能自理的残疾人士进行日常活动。这位治疗师正在帮助一位残疾人走路。

有些人天生就是残疾人，也有一些是后天生活中由于各种原因造成残疾，意外事故可导致许多类型的残疾。

过去，许多残疾人士经常刻意掩盖自己是残疾人的事实。但自20世纪中期以来，人们对残疾人士的态度发生了很大变化。现在许多人都能用平常心对待身有残疾的人。大多数残疾人士不会刻意隐瞒他们的疾患。

数百万残疾人士加入社会组织、学习、工作、结婚生子。他们像没有残疾的人一样过着幸福的生活。

许多国家已立法帮助残疾人，保护他们的权益。现在，还有许多设备和产品可以帮助残疾人做很多事情。

延伸阅读： 注意缺陷障碍；自闭症；失明；耳聋；唐氏综合征；侏儒症；智力障碍；学习障碍；精神疾病；肌营养不良症；作业疗法；瘫痪。

草药医学

Herbal medicine

草药医学指利用植物或植物制品来改善健康的方法，这些植物或植物制品称为草药。人们出售数百种形式各异的草药，许多是没有任何包装的干燥植物或植物部分，其他也有粉末、胶囊、药片和汤剂形式。有时草药会和其他原料混合。

最常见的草药包括紫锥菊、银杏和人参。人们认为紫锥菊可以缓解感冒症状，银杏和人参则可以提高记忆力和警觉性，金丝桃还可以治疗轻度抑郁。许多被用来烹饪的草本植物也可以发挥药用，例如，大蒜可以降低患心脏病的风险。

许多人认为草药比其他药物更温和或更安全。在美国，药物由食品与药品监督管理局（FDA）监管控制。FDA 将草药与其他类型的药物分开，草药并非必须达到 FDA 的安全、效果和质量规定。尽管草药是纯天然的，但它们也可能导致副作用，因而在服用前咨询医生是很重要的。

延伸阅读： 替代医学；药物；医学。

草药包括种类繁多的根、茎、叶、果实和种子。草药通常以没有任何包装的干燥植物或植物部分的形式售卖。

许多草药被冲泡在热水中，以汤剂服用。草药可以单独冲泡，也可以与其他原料一同冲泡服用。

肠

Intestine

肠是身体里食物和消化物质通过的消化管道，分为小肠和大肠。

成年人的小肠长约 7 米，上接胃的下端，下连大肠。来自小肠、肝脏和胰腺的消化液帮助食物消化。消化的食物经过小肠壁的细小指状部分，从那里进入血管，把营养物质带到身体的各个部位。

食物中不被消化的物质进入大肠。大肠从这种物质中吸收水和盐，并将剩余的废物从体内排出。

延伸阅读： 结肠；消化系统；肝脏；胰腺；胃。

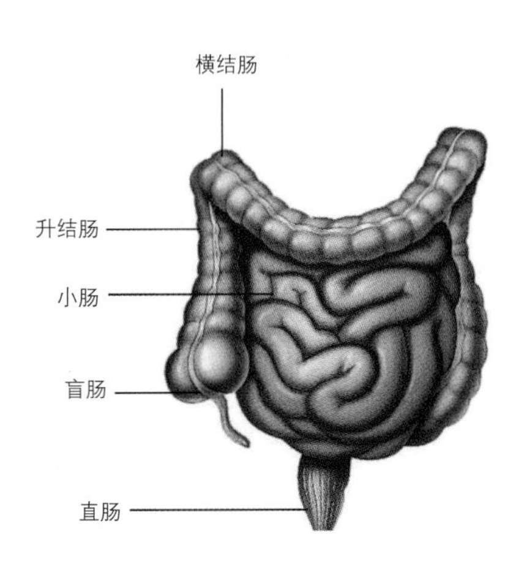

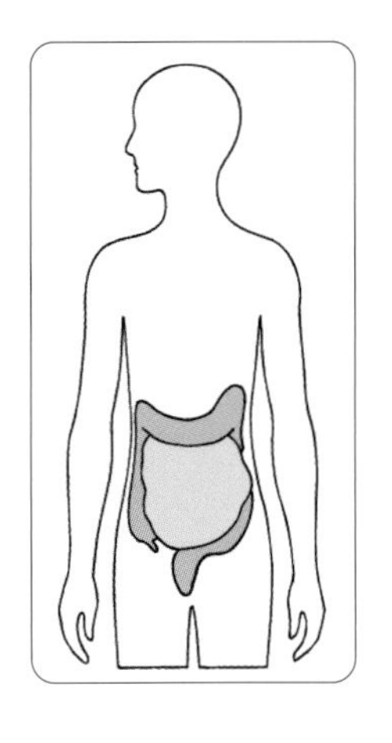

食物在小肠中被分解和吸收。大肠由盲肠、结肠和直肠组成，排出体内未消化的废物。

超声波

Ultrasound

超声波是频率高于人耳接收范围的声波。但是，很多动物都能听到超声波。

蝙蝠、海豚和其他动物可以在黑暗中用超声波来探测物体、猎取食物。这些动物发出短暂的超声波脉冲，超声波被物体反弹，产生回声。通过这些回声能知道物体的距离和方向。

人们发明了一种机器，可以利用超声波拍摄人体内部的图像。例如，超声波图像可以显示仍在母亲子宫里的胎儿。其他使用超声波的设备包括防盗报警器、自动开门器和研究海洋的仪器等。

延伸阅读： 怀孕；放射学。

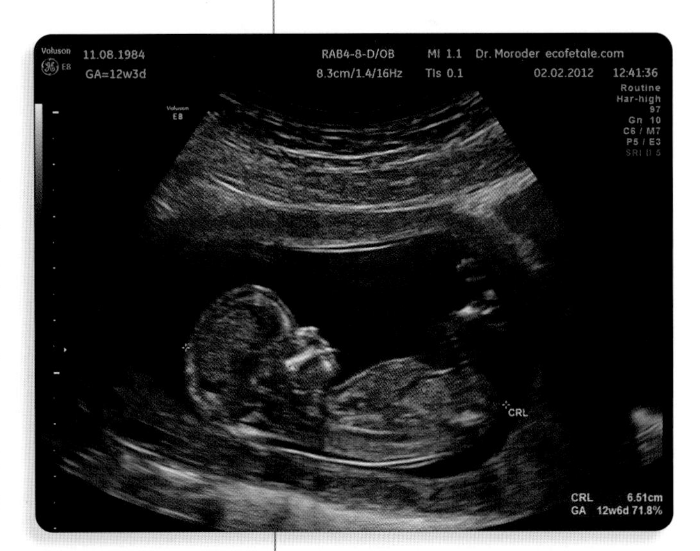

这张超声波图像显示的是一个胎儿。

成年人

Adult

成年人是指完全发育成熟的人。成年人与儿童和青少年有着明显区别。例如，成年人的身体已经发育完全，成年人一般都比青少年更高大强壮。

大多数成年人不需要其他人照顾。他们自食其力，可以自己做决定。与儿童不同，成年人可以成为母亲或父亲。

有些动物拥有和人相似的成长方式：成年和未成年动物在某些方面虽然有所不同，但总体看起来仍然很相似。而有些动物需要经历剧烈的变化才能成年。例如，毛虫起初是一条幼虫，长大后则会变成一只蝴蝶。

成年父母在孩子的生活中扮演重要角色。他们给孩子提供照料、关爱和培训。

痴呆

Senility

痴呆是一个术语，有时用于描述老年人记忆力减退和心智能力下降。一个记忆丧失的人有时也被称为痴呆，但大多数专家都避免使用痴呆这个词来形容人。

记忆力减退和心智能力下降的人可能会忘记时间和他们所在的地点，他们可能忘记发生过的事和认识的人。如果一个人被认为患了痴呆，那么这个人和他的家庭成员会寻求医生的建议。在很多情况下，问题可以得到改善。

阿尔茨海默病通常与痴呆联系在一起，这种疾病逐渐破坏脑细胞。其他许多原因都可以引起痴呆，包括其他疾病、头部受伤、药物、抑郁症和营养不良等。

延伸阅读： 衰老；阿尔茨海默病；脑；记忆。

尺神经沟

Funny bone

尺神经沟是肘部弯曲处的敏感区域。尺神经由此经过。神经是遍布整个身体的束状纤维，可以将痛觉传输至大脑。

尺神经没有骨头和肌肉的保护，所以哪怕是对尺神经沟很轻微的碰击，都会引起一阵剧烈的疼痛，并一直向下传到小指以及旁边的手指。

延伸阅读： 手臂；骨；肘；神经系统。

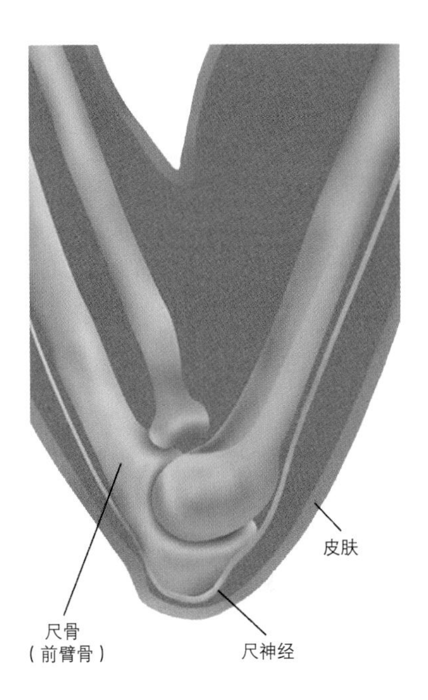

尺神经沟是肘部弯曲处的敏感区域。尺神经没有骨骼或肌肉的保护，所以即使是轻微的碰击也会引起剧烈的疼痛。

出血

Bleeding

出血是指血液从血管或身体流出。分内出血和外出血两种。它发生在血管破裂时。血管破裂可能是由于外伤、疾病、毒物或其他原因的损伤造成的。

皮肤破损时经常伴有出血。若是皮肤没有破损的损伤，血液会从受伤的血管渗漏到周围的肌肉中，这就形成了瘀伤。伤口或瘀伤引起的轻微出血通常不会引起大问题，但是大出血会导致休克。如果失血过多，可能会危及生命。

身体可以通过形成血凝块来控制出血。血凝块可封闭血管并阻止血液流动。皮肤表面的血凝块称为痂。一般可以通过按压伤口来止血。如果直接按压不能止血，患者应立即就医。

延伸阅读： 血液；血凝块；血管；挫伤；休克；皮肤。

触觉

Touch

触觉能让我们接触物体时感知物体，是一种帮助人和动物了解周围世界的感觉。通过触摸物体，我们可以了解它的形状和硬度以及温度。如果物体温度过高或形状尖锐，我们会感到疼痛。

身体的某些部位比其他部位能更好地感受事物。舌尖、指尖、鼻尖甚至可以感觉到最轻的触摸。这些身体部位有许多称为触觉感受器的神经细胞簇。当物体与这些部位接触时，触觉感受器就会被压变形。然后，触觉感受器中的神经细胞向脑部发送关于物体感觉的信息。

延伸阅读： 手指；神经系统；鼻；疼痛；感觉；皮肤；舌头。

触觉是身体感受物体的能力。皮肤中的神经向脑部发送触觉信息。

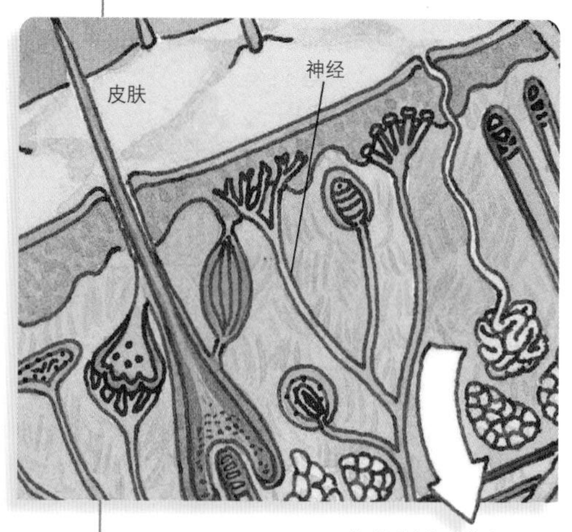

磁共振成像

Magnetic resonance imaging

磁共振成像（MRI）是医生用来检查病人体内组织的方法。利用该方法，医生不需要手术即可查看损伤、紊乱和疾病。

其他一些成像方法使用X射线，这是一种对身体组织有害的能量形式。磁共振成像使用磁场代替X射线，因此是一种更安全的成像方法。磁共振成像使用强大的磁场，因而不能用于体内有心脏起搏器和人工关节等金属装置的人。

磁共振成像的设备包括一块大磁铁、无线电设备和一台计算机。磁铁在病人周围形成一个磁场，计算机根据无线电设备产生的信号创建图像。

延伸阅读： 医学；放射学。

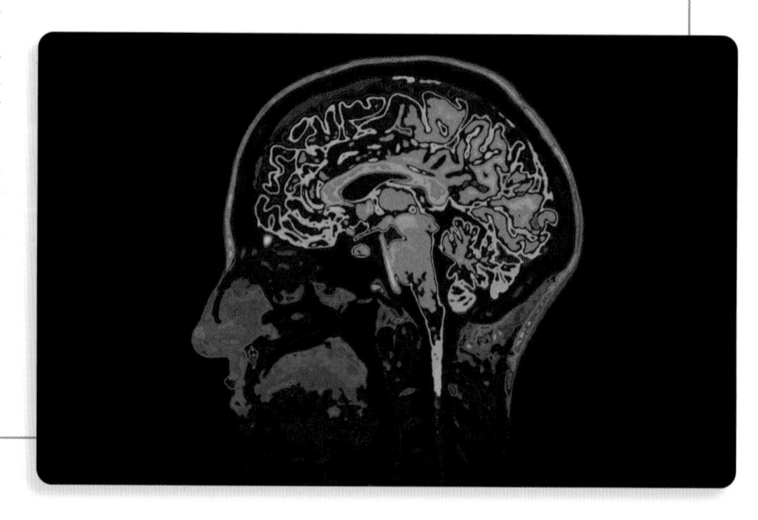

磁共振成像（MRI）使医生能够透视人体的骨骼和器官。

雌激素

Estrogen

雌激素是人类及其他动物主要的雌性性激素。激素是一种特殊的化学物质。性激素引起了青春期的一系列身体变化，青春期是儿童的身体开始向成人转变的青少年时期。

雌激素在女性卵巢内产生。卵巢是女性的性器官，除了分泌雌激素，它还储存和释放卵细胞。

在青春期，卵巢增大，产生更多的雌激素。雌激素可以引起女性身体的变化。如乳房和乳头增大，形成可以分泌乳汁的腺体；脂肪在臀部与乳房堆积；子宫增大，阴道和输卵管也增长变宽，阴道壁变厚，它们有时会变得潮湿。这些变化使得女性能够孕育后代。

延伸阅读： 青少年；输卵管；激素；卵巢；青春期；子宫；阴道。

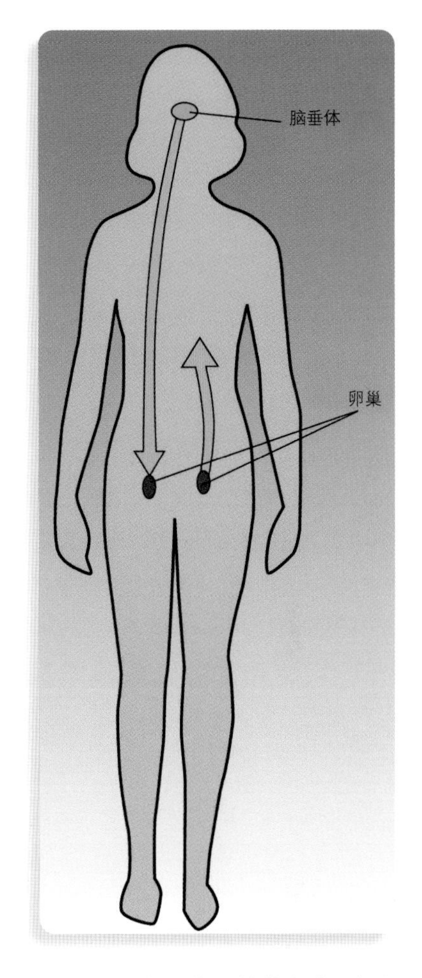

雌激素是主要的雌性性激素，在卵巢内产生。脑垂体分泌可以影响卵巢的激素。这些激素引起了青春期的一系列变化。

催眠

Hypnosis

催眠是采用特殊的行为技术并结合语言暗示，使人进入一种暂时的、有点像深度睡眠、但更活跃的状态。被催眠的人通常是清醒的，可以说话、写字、走动。他们可能会做催眠师要他们做的事情。

科学证据表明，由训练有素的专业人员进行的催眠是有益的。有些医生用催眠来安抚紧张或疼痛的患者。催眠有助于一些人控制进食障碍、吸烟等不良习惯。催眠也用于改善阅读、睡眠、言语问题，以及运动表现和行为问题。

催眠的效果取决于被催眠者的能力和意愿。有些人可以在几秒钟内进入催眠状态，另一些人则不容易被催眠。魔术表演、电视和电影中的催眠常常看起来比实际简单。

延伸阅读： 行为；进食障碍；疼痛；睡眠。

痤疮

Acne

痤疮是青少年中常见的一种皮肤病。它可导致脸部、胸部或背部的痘痘和其他肿块。

人们曾经认为痤疮是由于饮食油腻或者面部清洁不彻底造成的，现在医生认为青少年痤疮是由身体的自然变化引起的。轻度痤疮可以用特殊的乳液或药物治疗。

在青少年时期，皮肤腺体会分泌较多的油脂。这些被称为皮脂腺的腺体，开口于毛囊。毛囊是毛发周围的皮肤组织。毛囊内的油脂通过皮肤表面的毛孔排出。被油脂堵塞的毛孔变成黑头或白头。如果毛孔中细菌滋生，就会形成痘痘。

延伸阅读： 脓肿；青少年；疾病；腺体；毛发；炎症；皮肤。

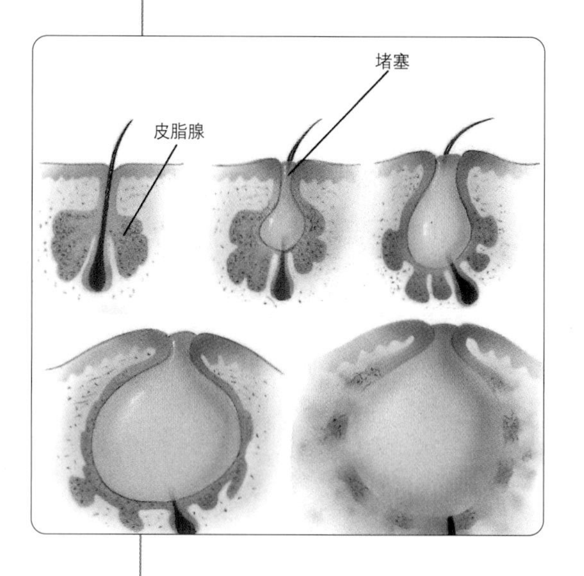

痘痘是由于毛囊中油脂排出不畅所致。过剩的油脂中细菌繁殖，囊泡因脓液聚集肿胀，最终囊泡壁破裂，脓液流出。

挫伤

Bruise

挫伤是指以皮下出血为主要特征的损伤。大部分挫伤是因突然的外力作用，如重击或挤压皮肤、肌肉而造成。极重的外力作用则会穿透至骨骼，从而导致骨挫伤。

挫伤通常会引起疼痛，挫伤部位也有可能发生肿胀。随着时间的推移，自表皮破损血管渗出的血液会在挫伤愈合过程中分解成不同颜色的物质，从而使挫伤部位呈现出不同的颜色，如红色、黑色、紫色或黄色等。

在皮肤上放置冰袋可以减轻挫伤带来的疼痛。冰袋还有助于减少皮下出血。如果由于挫伤导致身体的某部位行动受限，则应尽快就医。

延伸阅读： 出血；血液；血管；皮肤。

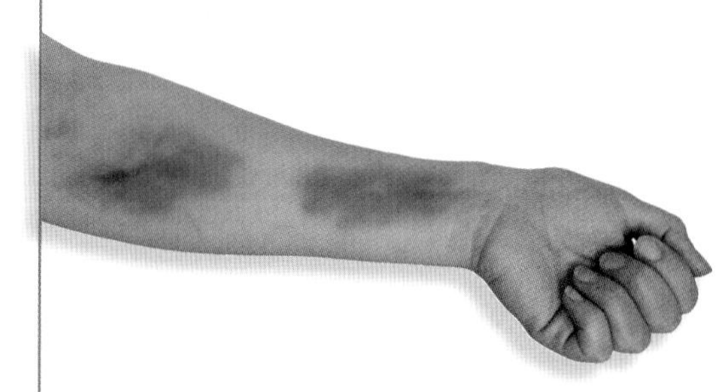

皮下出血会导致挫伤处皮肤呈现深色。随着挫伤愈合，自血管渗出的血液会分解成不同颜色的物质。

达尔文

Darwin, Charles Robert

查尔斯·罗伯特·达尔文（1809—1882）是一位英国科学家。因提出关于生物发展的进化论而闻名。达尔文认为，地球上所有不同种类的植物和动物都是从单一生命形式经数百万年发展进化演变而来。

达尔文认为，进化主要通过一种称为自然选择的过程起作用。在这个过程中，个体天生具有不同的特征。某些特征有助于个体生存和生育后代。幸存者能够将他们的特征传递给他们的后代。通过这种方式，使得利于生存的特征在这个物种中更为普遍。随着时间的推移，特征的差异导致新的动植物进化发展。

达尔文在1859年出版的《物种起源》一书中写下了他的观点。他在之后的《人类起源及性选择》（1871年）一书中论述了人类进化。在这本书中，达尔文描述了人类与猿类关系密切的证据。

达尔文的想法令他那个时代的许多人感到震惊。当时许多人认为，所有生物都是由上帝创造的。如今，几乎所有科学家都接受了达尔文的理论，不过仍然有人因进化论违背了他们的宗教信仰而不接受它。

达尔文出生于英格兰的什鲁斯伯里。1831—1836年，他以博物学家的身份搭乘海军勘探船“贝格尔”号。这艘船在世界各地航行，在此期间达尔文研究了所到之处的植物和动物。这些研究帮助达尔文形成了他关于进化的观点。

延伸阅读： 神创论；进化；物种。

达尔文

达尔文乘坐“贝格尔”号，研究世界各地的植物和动物。

打嗝

Hiccup

打嗝是一种突然的、意外的呼吸，它能够产生听起来像“嗝”的声音。人可能在一分钟内打好几次嗝。有时，打嗝会持续几小时，甚至几天，但是这种情况并不常见。有时人们可以通过深呼吸、屏住呼吸或向一个纸袋呼吸来终止普通的打嗝。

打嗝是由膈的痉挛或突然抽搐引起的。膈是位于胸腔下方的一块大且有力的肌肉，正常情况下它缓缓地上下运动以助呼吸。当膈痉挛时，空气突然通过喉部被吸入肺部，这些空气引起声带振动，进而发出打嗝的声音。

延伸阅读： 膈；喉；气管；声带。

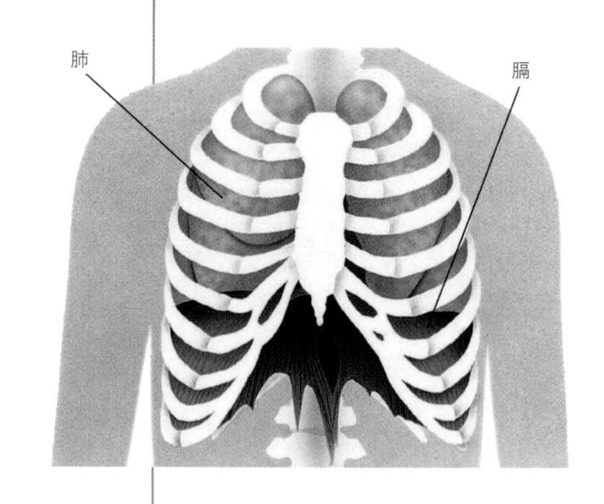

打嗝是由膈的痉挛或突然抽搐引起的。膈是帮助人呼吸的一块大肌肉。

打喷嚏

Sneezing

打喷嚏是突然从鼻子和嘴中喷出空气的现象。人不能控制打喷嚏。打喷嚏是为了摆脱鼻子里微小、烦人的物体。鼻子中的特殊细胞通过引起喷嚏来对这些物体做出反应。

花粉症也会让人打喷嚏。当花粉进入鼻内时，花粉症就会发作，人们就会打喷嚏。

打喷嚏对身体有益,但是可能对其他人有害。例如打喷嚏者的鼻子里可能充满了病原微生物，打喷嚏有助于清理鼻子，但是除非打喷嚏者捂住口鼻，否则病原微生物就会进入空气中，这可能会导致其他人生病。

延伸阅读： 过敏；普通感冒；咳嗽；疾病；病原微生物；鼻。

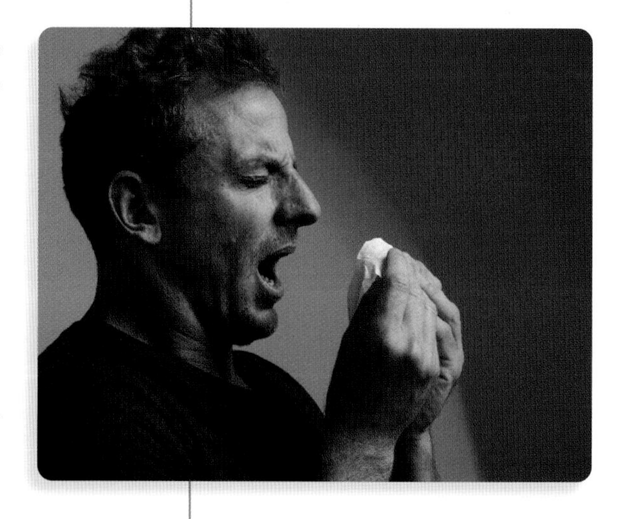

打喷嚏会将一团飞沫送入空气中，可能会传播病原微生物。打喷嚏或咳嗽时掩住口鼻有助于防止感冒等疾病的传播。

大肠杆菌

E. coli

大肠杆菌是一类细菌。

大肠杆菌有数百种，多数生活在人、牛和其他动物的肠道中。大部分大肠杆菌是无害的，但有些大肠杆菌可以致病，使患者排水样粪便，称为致泻性大肠杆菌。

如果人们食用了没有煮足够长时间的受感染的牛肉或没有洗过的水果和蔬菜，就可能感染大肠杆菌。

大多数感染大肠杆菌的患者在一周内自愈，但也有些患者病情很严重甚至死亡。

延伸阅读： 细菌；腹泻；消化系统；肠。

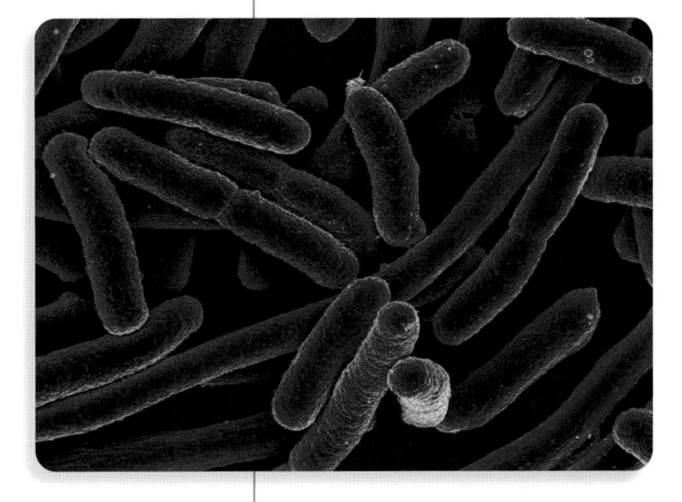

显微镜图像显示的是大肠杆菌。

大脑

Cerebrum

大脑是脑的最大部分，负责控制思维和学习。

一个大凹槽将大脑分成左右两个半球，两个半球通过神经细胞连接。每个半球又可进一步分为四个部分，称为脑叶。

大脑的表层部分称为大脑皮质，有许多褶皱和沟回。

大脑是脑中协助人们学习、思考和交谈的部位，还有助于人们了解所看到、听到、闻到、品尝和触摸到的东西。

人类的大脑比其他大多数动物的都要大得多。海豚和黑猩猩也有较大的大脑。

延伸阅读： 脑；小脑；学习；神经系统。

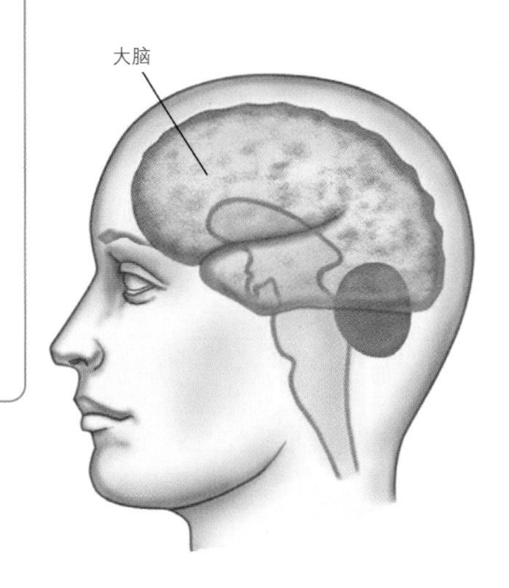

大脑是脑的最大部分，负责控制思维和学习。

单核细胞增多症

Mononucleosis

单核细胞增多症是一种容易在人与人之间传播的轻微疾病。通常是由 EB 病毒引起的。单核细胞增多症常见于青壮年，但儿童和老年人也会患该病。这种疾病可通过人与人之间的直接接触传播，如接吻。

人在患单核细胞增多症时，往往感到十分疲劳，可能会有寒战、发热、咽痛等症状。多数医生会根据病情的严重程度建议病人适度休息或卧床休息。这种疾病并不致命。多数患者在 3 ~ 6 周内恢复。

延伸阅读： 疾病；发热；病毒。

胆固醇

Cholesterol

胆固醇是一种在人和动物体内产生的脂肪类物质。人们也能从食物中摄取胆固醇，比如肉类、鸡蛋、牛奶、黄油和奶酪。

身体需要一定量的胆固醇才能保持健康。例如，我们的身体利用胆固醇来产生细胞和维生素 D。但是，过多的胆固醇对身体有害。因为胆固醇可以附着在心脏的动脉壁上，一旦这些动脉被阻塞，就有可能导致心脏病发作。

医生可以通过检查判断一个人的体内是否含有过多的胆固醇。锻炼、多吃水果蔬菜有助于减少体内胆固醇的含量。

炸薯条是一种胆固醇含量高的食物。

延伸阅读： 动脉；动脉硬化；脂肪；食物；心脏病发作。

胆囊

Gallbladder

胆囊是储存胆汁的器官。胆汁由肝脏产生，可以帮助身体消化食物。对人类而言，胆囊是肝脏下方一个梨形的囊袋结构，它通过胆总管与肝脏相连。

人们进食时，胆汁从肝脏流向小肠。小肠是完成绝大部分消化的场所。而在非消化期，胆汁则储存在胆囊内，直到人体需要胆汁时再排出。

有时，胆囊内会形成小而硬的物质，称为胆结石，它们可能会卡在胆总管处，并引起疼痛，也可能导致黄疸（皮肤变黄）的发生。在这些情况下，胆囊可能会被切除。

延伸阅读： 消化系统；肠；肝脏；胰腺。

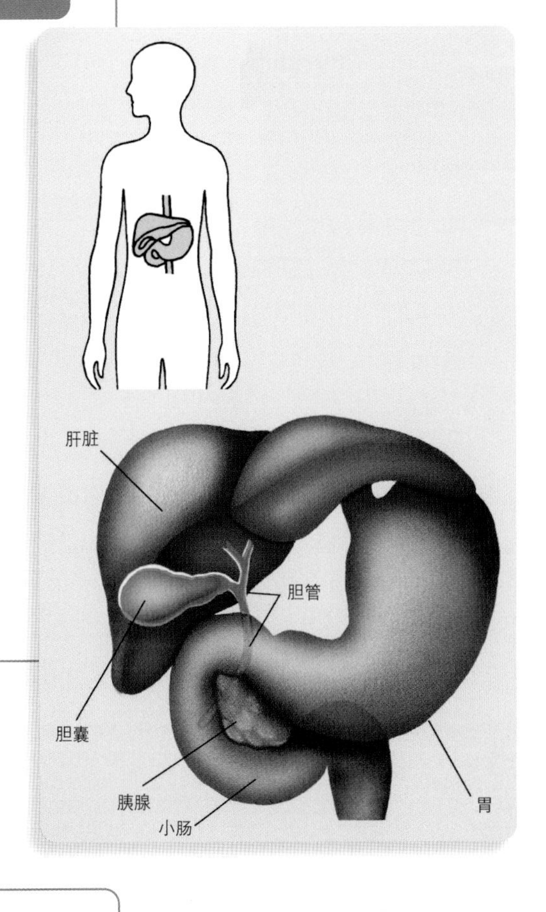

胆囊是一个位于肝脏下方的梨形器官。它通过胆管与肝脏和小肠连接。

蛋白质

Protein

蛋白质是为人体提供能量的三种物质之一，另外两种是碳水化合物和脂肪。植物从空气和土壤中获取养料来生产蛋白质，人类和其他动物则从食物中获取蛋白质。富含蛋白质的食物有蛋类、鱼、肉类、牛奶、豌豆和坚果。

人体内有几百万个细胞，蛋白质是细胞的主要组成部分。蛋白质在骨骼、肌肉等身体组织的构建和修复中起着重要作用。某些蛋白质有特殊功能，例如，血液中有可以将氧气从肺部输送到全身组织的蛋白质，也有保护身体免受疾病侵害的蛋白质。

延伸阅读： 碳水化合物；脂肪；食物；血红蛋白；营养学。

富含蛋白质的食物包括肉类、鱼、蛋类、坚果和豌豆等。

低温生物学

Cryobiology

在特殊的实验室冷冻机中，在极低温度下保存的活细胞仍能存活。

低温生物学是一门研究低温环境下生命现象的学科。这里的低温是指水的冰点和绝对零度之间的温度。水的冰点为0℃，绝对零度为−273.15℃。

低温生物学家致力于研究如何使用低温保存生物材料。他们使用液氮和其他极冷的液体冷冻活体组织。在极低温度下保存的细胞会停止活动，其可能会在“假死”的状态下存活，并可以长时间维持这种状态而不会受损。解冻后，细胞可以恢复正常。

冷冻的血液和组织可以储存在“生物银行”中。医生可以使用储存的皮肤来代替烧伤患者的皮肤；冷冻红细胞可以存放多年；冷冻精子、卵子和胚胎用于协助动物和人类的生殖过程。

延伸阅读： 血液；人类生殖；组织。

笛卡儿

Descartes, René

勒内·笛卡儿（1596—1650）是法国科学家、数学家和哲学家。

笛卡儿生活在科学开始发生巨大变化的时代。他的哲学帮助人们使用科学和数学的原理来建立并验证新理论。因此，笛卡儿被称为现代哲学之父。

年轻的笛卡儿关注“如何知道什么是真实的——真正存在的是什么”。经过深入思考后，他找到了认知的基础。他的名言总结了这一想法——“我思故我在”。

笛卡儿还创立了平面解析几何。此外，他提出用物质和运动的概念来描述宇宙。他是最早尝试将运动定律应用于所有物理变化的人之一。

延伸阅读： 意识。

笛卡儿

癫痫

Epilepsy

癫痫是一种突然发作的脑部疾病。通常，大脑通过神经发出信号，使我们的肌肉发挥作用。而癫痫患者的大脑不能完全控制这些信号的发出，它不是一点一点地向肌肉发送信号，而是突然大量放电，导致癫痫发作。

有时癫痫患者也会有小型的发作，这种发作难以引起注意，患者会忘记他所在何处。另一种发作则更为明显，患者会倒地，并发生肌肉抽搐。

医生目前也不清楚癫痫的病因，但是他们可以通过药物或特殊饮食帮助癫痫患者。一些动物也可能患癫痫。

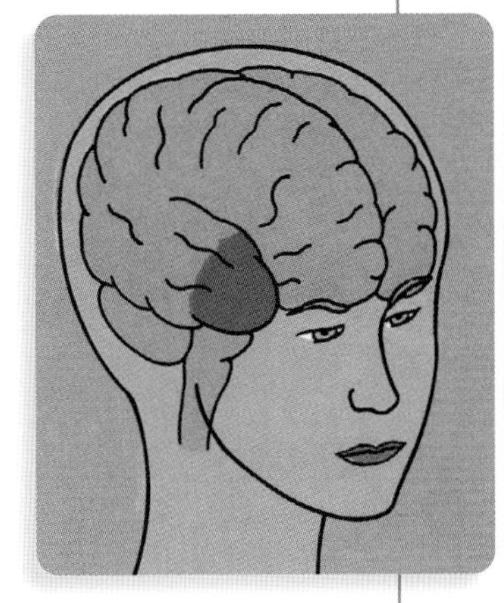
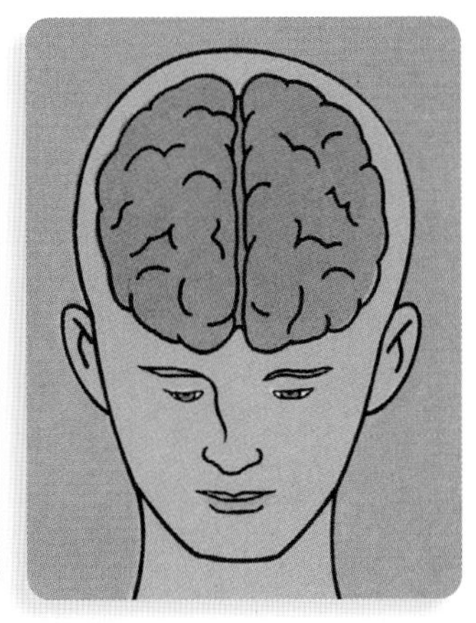

癫痫可以影响脑中的颞叶（左图，红色区域）或整个脑部（右图）。

延伸阅读： 脑；疾病；肌肉；神经系统。

动机

Motivation

动机是人们做出某一行为的原因。大多数人都知道被激励去做某事是什么感觉，但要想对动机下一个准确的科学定义是很难的。

在研究动机时，科学家有时专注于行为的“唤醒”。例如，口渴的感觉可能会使你喝水。

一个人的行为也可以由他的动机来引导。举例来说，想象一个教练，他的足球队正在与一个强得多的球队比赛。教练可能有极强的获胜欲，在这种情况下，教练可能会竭尽全力争取一个出人意料的胜利。而另一个教练可能更多考虑球员的感受，更希望防止球队变得灰心丧气。

延伸阅读： 行为；情绪。

动脉

Artery

动脉是将血液从心脏输送到身体其他部位的血管。流经动脉的血液将氧气输送到人体细胞，这些氧气来自我们吸入的空气。

心脏通过动脉将血液泵入肺部。血液在肺部吸收氧气，然后回流到心脏。心脏泵血并通过其他动脉将血液输送到身体的其他部位。

有些人的动脉被脂肪物质堵塞。如果动脉完全堵塞，血液流动就会停止。如果这种情况发生在为心肌输送氧气的动脉中，会导致心脏病发作；发生在为大脑供血的动脉中，则会引起中风。人们可以通过定期锻炼和食用低脂食物来保持动脉健康。

延伸阅读： 动脉硬化；血液；循环系统；心脏；心脏病发作；中风。

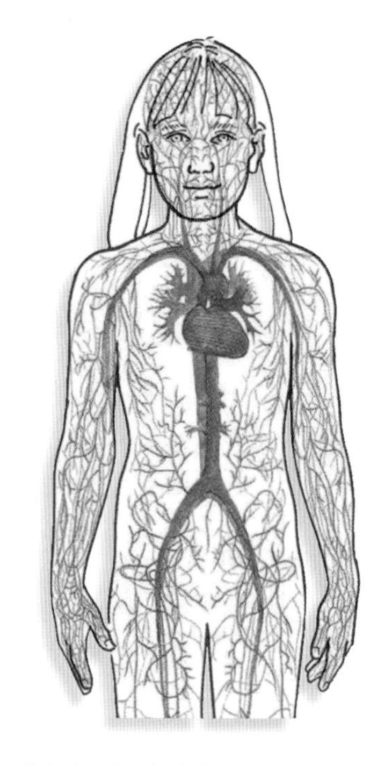

动脉（红色）将含氧血液输送到人体细胞。静脉（蓝色）将血液送回心脏。

动脉瘤

Aneurysm

动脉瘤是在血管中形成的球状隆起。最危险的动脉瘤形成于脑部和心脏的动脉中。动脉瘤可能会突然破裂，导致昏迷、瘫痪或死亡。中风大多是由脑部动脉瘤破裂引起的。

大多数动脉瘤是由一种叫作动脉粥样硬化或动脉硬化的疾病引起的。在这种疾病中，脂肪沉积物逐渐在动脉内壁堆积。

动脉瘤的症状因其位置和大小而异。患者可能没有症状，也可能出现疼痛。

医生可以通过 X 射线检查发现动脉瘤。许多动脉瘤可以用手术治疗。

延伸阅读： 动脉硬化；动脉；血管；脑；循环系统；心脏。

动脉硬化

Arteriosclerosis

动脉硬化是一种动脉疾病。动脉是将血液从心脏输送到身体其他部位的血管。动脉硬化会导致动脉壁硬化和增厚。

动脉硬化有几种类型。最常见的是动脉粥样硬化，它影响脑部、肾脏和腿部的大动脉，还影响将血液输送到心肌的小动脉。

当血液中的脂肪物质在动脉内堆积，动脉粥样硬化就开始了。长此以往，脂肪物质积聚从而堵塞动脉。

动脉粥样硬化最常见于中老年人，开始可能会感到头晕或胸痛，最后则可能会患心脏病或中风。人们可以通过锻炼、合理饮食和戒烟来预防动脉粥样硬化。

延伸阅读： 动脉；胆固醇；循环系统；疾病；脂肪；心脏病发作；中风。

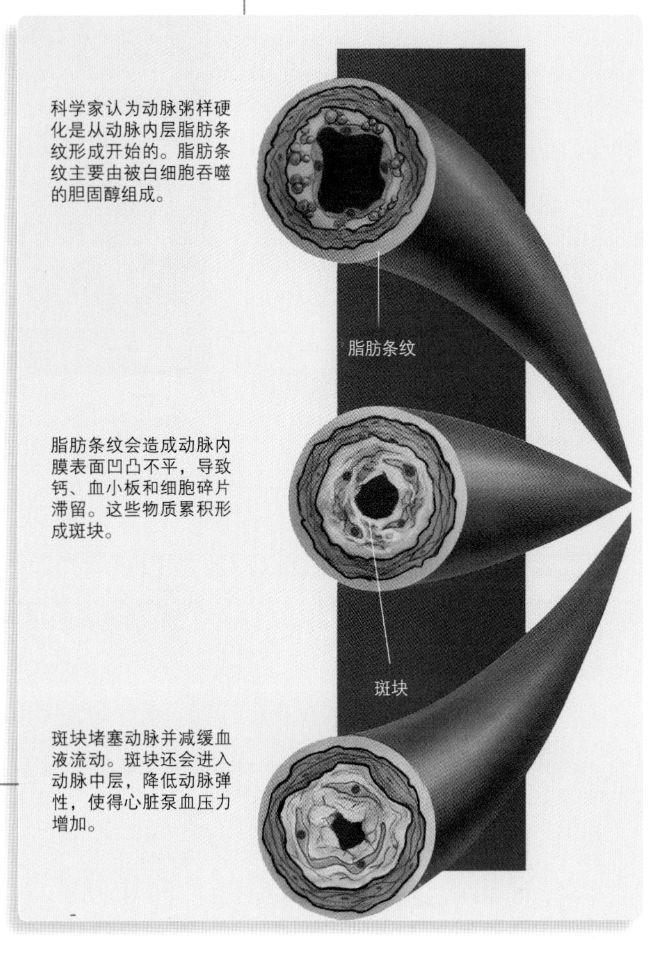

动脉粥样硬化是最常见的动脉硬化类型。

动物实验

Animal experimentation

动物实验是使用动物进行的科学研究。医学研究人员使用动物来研究疾病的原因及其影响，包括癌症和心脏病。此外，研究人员使用动物来研发和测试药物、外科手术和其他治疗方法，还可用动物来测试食品和化妆品中化学物质的安全性。心理学家使用动物进行行为研究。

动物实验在许多医学进步中起了一定作用，包括抗生素、疫苗和外科技术的发展。抗生素是杀死细菌的药物，疫苗有助于保护人们免受疾病侵害。动物实验为人类带来了许多好处，但它通常会造成动物的痛苦和死亡。因此，有些人不同意使用动物实验。

有些人呼吁停止所有的动物实验，甚至有些医学实验的支持者也反对在动物身上测试化妆品和香水。但绝大多数科学家支持动物实验，他们认为科学研究的持续进步至关重要。大多数科学家只有在必要的时候才进行动物实验。他们也尝试尽可能少地使用动物，并尽量减轻动物的痛苦。许多国家都有关于使用实验动物的法律。

小白鼠常用于各种研究人类疾病治疗方法的实验中。

延伸阅读： 抗生素；科学；免疫接种。

冻伤

Frostbite

冻伤是一种因皮肤暴露在严寒环境中过久而产生的损伤。发生这种情况时，体内形成冰晶，受伤部位的血液流动受到限制。冻伤通常发生在耳朵、鼻子、手指或脚趾处。

冻伤的最初表现可能是受冻皮肤处变浅红，随后皮肤变得十分苍白或呈灰蓝色。起初，冻伤可以产生寒冷、刺痛和疼痛感。随着冻伤加重，疼痛感会消失，患处可能没有任何感觉。正是因为没有感觉，人们有时候并没有意识到自己已经被冻伤了。

冻伤通常发生在手指、脚趾、鼻子和耳朵处。发生严重冻伤时，患处皮肤变成苍白或深灰蓝色。

发生冻伤后应当尽快恢复受伤部位的血液流动，并做好保暖措施。不要用雪或冰擦拭冻伤部位，因为摩擦可能会磨破皮肤并损伤组织。到温暖的地方，将冻伤的皮肤浸泡在温水中，随后将患处宽松地包裹起来并立即前往医疗机构就诊。

延伸阅读： 急救；皮肤。

毒素

Toxin

毒素是一种有毒物质。由植物、动物或其他生物产生，会使人得重病，甚至丧命。

一些动物产生毒素。例如，某些昆虫、蛇、蜘蛛和蝎子会分泌毒素，这种毒素叫毒液。这些动物利用毒素捕食。有些动物通过叮咬传播毒素，另一些动物用的是毒刺。

体内的微生物也可能会释放毒素。这些毒素会导致疾病，如猩红热和破伤风。

某些微生物会将毒素释放到食物中。吃下这种食物的人可能会生病。另外，一些热带鱼含有毒素。吃了这种热带鱼的人可能会生病。

延伸阅读：食物中毒；毒物；猩红热；破伤风。

通常被蛇咬伤时会有蛇毒进入体内。被毒蛇咬伤的人必须立即接受治疗。

毒物

Poison

毒物是一种对人体有害、会导致疾病的物质。人可通过吞咽和呼吸摄入毒物，也可通过皮肤摄入。

对人类最有害的毒物来源于人们在家里或农场里使用的产品，例如杀虫剂、清洁剂。被某些动物叮咬后也会中毒，部分植物也含有有毒化学物质，如果人类触碰或吃下这些植物也会中毒。

毒物有很多种。有些毒物会破坏皮肤和肉，比如酸。有些毒物会造成身体某些部位（如胃或鼻子）肿胀和疼痛。有些毒物会侵害神经和身体其他部位（如心脏）。有些毒物来源于食物，这些毒物可能来自食物中的化学物质、细菌等微生物或是本身有毒的食物。

许多家用产品都是有毒的，例如清洁剂、杀虫剂，这些产品可能会贴有警示标签。

为了避免中毒，人们应该避免吃安全性未知的野生食物，例如蘑菇和浆果。所有药物、清洁剂及其他化学物质都应当放在儿童够不着的地方。

许多医院都有毒物控制中心，可以发布应对突发情况的信息，向人们介绍可以减少毒物有害效应的解毒剂、药物或其他物质。中毒的人通常需要去急救室接受治疗。

延伸阅读： 抗毒素；细菌；食物中毒；毒素。

多胞胎

Multiple birth

多胞胎是指一个母亲在同一时间生下一个以上的婴儿。双胞胎、三胞胎、四胞胎和五胞胎都是多胞胎。许多动物可以一次产下一个以上的后代。然而，人类通常一次只能生育一个婴儿。

人类的多胞胎大多是双胞胎。有两种最常见的双胞胎：异卵双胞胎和同卵双胞胎。异卵双胞胎可能是同性，也可能是兄妹或姐弟。他们在两个独立的卵子受精时形成，长得不太一样。同卵双胞胎总是同一性别的，他们长得很像。在单个受精卵分裂时形成。

在同卵双胞胎中，两个婴儿都来自同一个卵子，因而具有相同的身体特征。

多动

Hyperactivity

多动是注意缺陷多动障碍（ADHD，有时也叫多动症）的主要表现。多动症是儿童常见的行为问题。患多动症的男孩比女孩多得多。青少年和成人也可能患有多动症。

多动的人经常烦躁不安，讨厌等待，大多难以集中注意力，在工作中健忘、杂乱无章。

医生有时用药物治疗多动症，也可能推荐行为疗法。在行为疗法中，医生会密切监督患者并奖励积极行为。这有助于他们学会自我控制。

延伸阅读： 注意缺陷障碍；行为；脑；儿童。

多动的孩子往往非常不安。他们在课堂上难以集中注意力。

多发性硬化

Multiple sclerosis

多发性硬化是一种损害脑部和脊髓的疾病。脊髓是一束神经，沿着脊柱内侧向下延伸，将身体内的大部分神经与脑部相连。多发性硬化多见于女性，但男性也会得该病。

多发性硬化通常在 20 ~ 25 岁发生。患者开始时会出现行走困难、肢体无力或刺痛、视力障碍等症状。这些症状通常会缓解一段时间，然后再复发。久而久之，患者可能成为残疾人。

多发性硬化目前尚无根治方法，但有一些药物可以让人们在症状复发之前感觉好些。

延伸阅读： 脑；残疾；疾病；神经系统；瘫痪；脊柱。

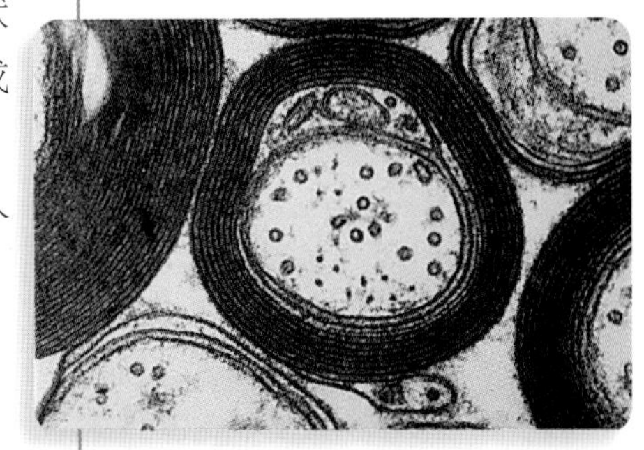

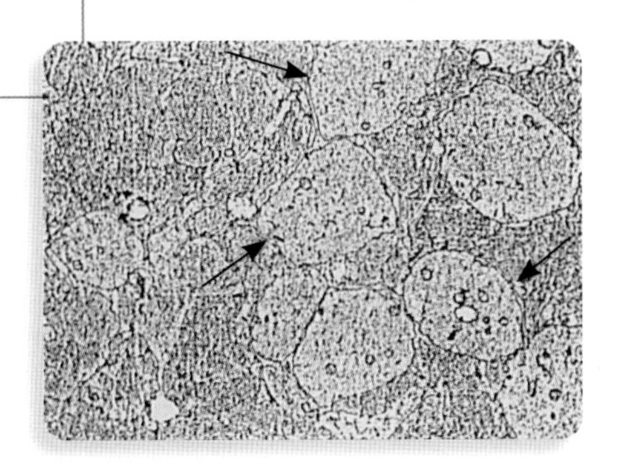

正常神经细胞（上图）在细胞周围有脂肪保护层。多发性硬化可以破坏这些保护层，暴露部分细胞（下图箭头处）。

恶心

Nausea

恶心是一种胃部不适的感觉，常伴随着呕吐。恶心时，胃壁肌肉减慢或停止运动。这会减缓或阻止胃中食物的消化。

恶心可以阻止身体吸收吞下的有害物质。如果一个人呕吐，大部分有害物质将被排出。

恶心可能是由精神和生理两方面原因引起的。精神原因包括令人不快的景色、令人厌恶的气味和严重的忧虑。生理原因包括头晕、剧烈疼痛、消化系统阻塞或受到刺激、运动过多、晕动病等。怀孕时经常恶心，特别是在头三个月的早晨。

延伸阅读： 晕动病；怀孕；胃；呕吐。

腭

Palate

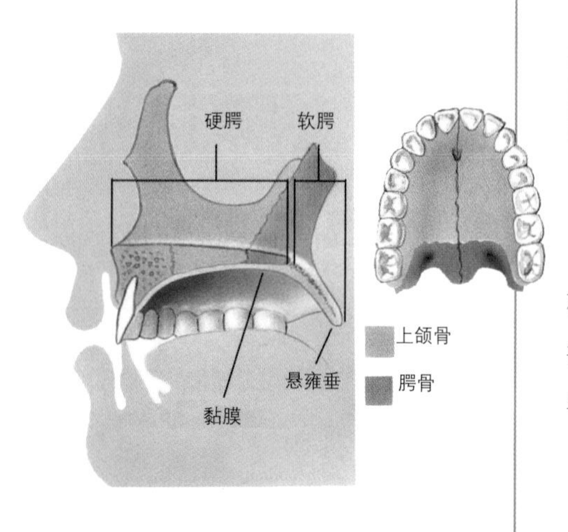

腭有两个部分：前面是硬腭，后面是软腭。硬腭由上颌骨和腭骨形成。

腭是口腔的顶部。它有两个不同的部分：硬腭和软腭。硬腭是口腔前部坚硬的骨质部分，软腭是硬腭后面的肌肉部分。两个部分都被黏膜覆盖。软腭中间悬挂一个小的扁平组织，称为悬雍垂。

腭将口腔和鼻腔分开。软腭在吞咽的时候阻塞鼻腔通道。

有些孩子出生时患有腭裂，腭裂可以通过手术进行修补。

延伸阅读： 骨；口腔；黏液；鼻；牙齿。

儿科

Pediatrics

儿科是与儿童健康相关的医学领域。要成为一名儿科医生，必须从医学院毕业并完成至少三年的特殊培训。儿科医生照顾从出生到十几岁的儿童。

儿童的健康问题与成人不同。例如，患水痘的儿童远远多于成人，儿童成长发育也很快。儿科医生不只是治疗伤病，他们还必须努力确保儿童的身心健康成长。

延伸阅读： 婴儿；儿童；医学。

儿科医生正在使用耳镜检查一个小女孩的耳朵。耳部感染在儿童中很常见。

儿童

Child

玩耍有助于儿童大脑和身体的健康成长。随着年龄的增长，儿童越来越独立自主。

儿童通常是指 18 个月到 10 ~ 13 岁的孩子。在此之前他们被称为婴儿，在此之后他们被称为青少年。

婴儿阶段过后，儿童开始学习走路、跑步和自己吃东西，也开始学习说话。在 18 个月时，他们可能只会说几个词。在 3 岁时，就可以说完整的句子。

3 ~ 5 岁时，孩子们喜欢探索周围的事物。他们知道了其他人也有感情。他们学会怎样使用厕所，开始了解到一些行为是好的，而另一些是不好的。

5 ~ 8 岁时，学习生活变得非常重要。该时期的儿童学会解决问题，他们会为自己的想法辩解，也开始与其他孩子比较。

8 ~ 13 岁时，儿童的成长速度变得更快，他们看起来更像成年人了。他们想要像他们的朋友一样，会开始考虑朋友的想法。

有些儿童会比其他儿童长得更快，比如 9 ~ 12 岁时，女孩的成长速度比男孩快。这时期的儿童也会表现出不同的学习天分。有些孩子会对学校的知识吸收很快，有些则不会；有些孩子的天赋并不在考试上，而是在美术、音乐或建筑等方面。

父母需要在儿童的成长过程中照顾他们，还要教他们怎样与人相处、对自己的行为负责以及明辨是非。

延伸阅读： 青少年；成年人；婴儿；分娩；学习。

耳

Ear

医生使用一种叫作耳镜的仪器检查病人的鼓膜。

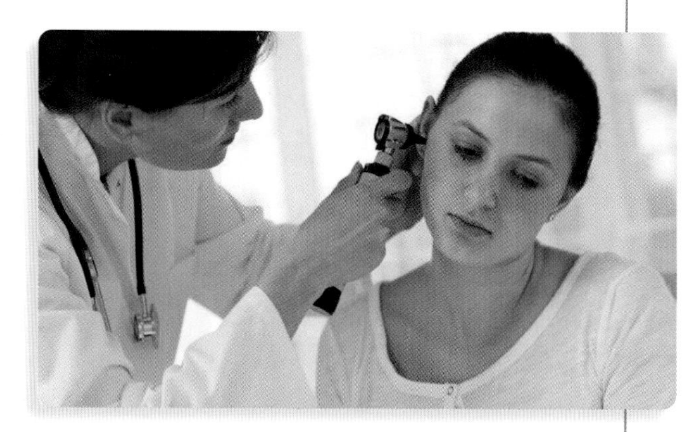

耳是听觉器官。人耳主要分为三个部分：外耳、中耳和内耳。

外耳有两个部分，耳郭和耳道。耳郭是耳朵位于头部外侧的部分，耳道是声音传入的通道，声音从耳道向内传到被称为鼓膜的弹性薄膜上，引起鼓膜振动。

中耳为外耳与内耳间的腔隙。中耳鼓室内有三块听小骨：锤骨、砧骨和镫骨。鼓膜的振动使这些骨头运动。镫骨在通向内耳的卵圆窗处振动。

内耳有三个部分：前庭、半规管和耳蜗。前庭是内耳的中心部分。它将半规管与耳蜗连接起来。半规管是内耳中三个充满液体的管道，卵圆窗的振动使管内液体振动，并将这些振动传递到耳蜗。耳蜗是一种形状像蜗牛壳的结构。在耳蜗内，有 15000 多根微小的毛，每根毛都与神经相连。耳蜗中液体的运动使毛弯曲，导致神经冲动沿着神经传到脑部。脑部将神经冲动记录，人就可以听到声音了。

延伸阅读： 耳聋；耳部感染；听觉；助听器；感觉。

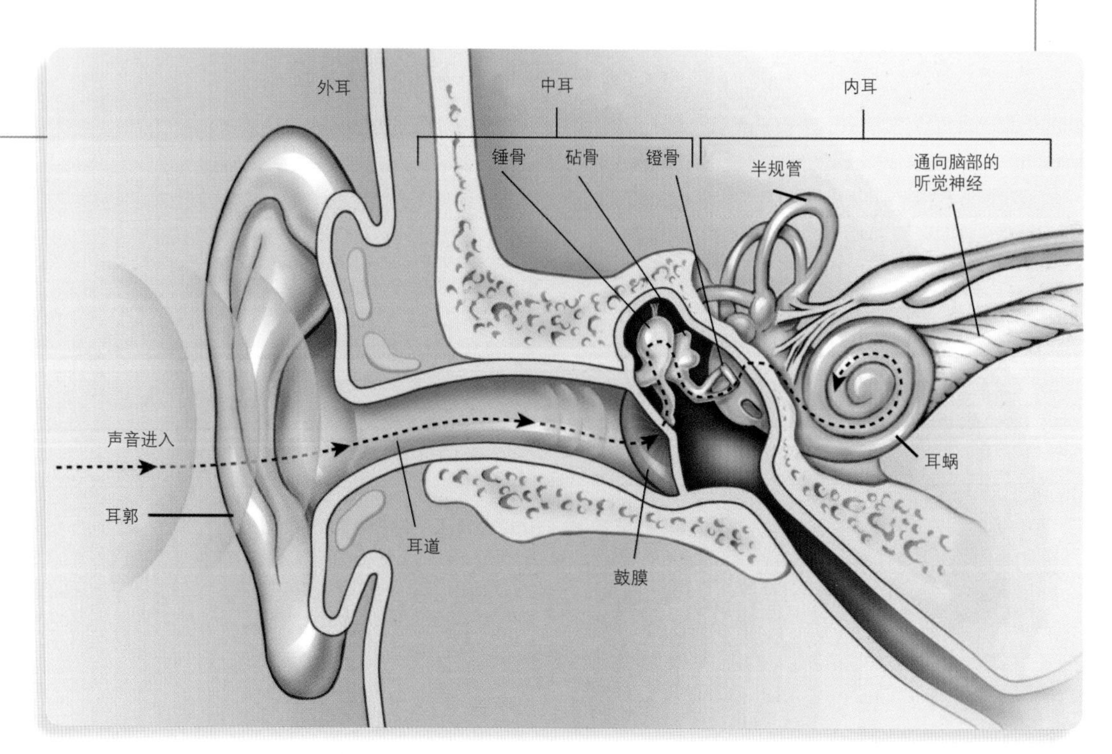

耳朵由三部分组成：外耳、中耳和内耳。外耳包括耳郭和耳道，可捕获声波。中耳鼓室内有三块听小骨（镫骨、砧骨和锤骨）。这些骨头放大声波并将其传递到耳蜗。内耳中的耳蜗和半规管，将声波转换成神经冲动通过听觉神经传递到脑部。

耳部感染

Ear infection

耳部感染一般是指中耳部位发生的感染，是一种常见疾病。中耳在鼓膜之后。鼓膜是一层薄膜组织，它将耳道分为了可见部与不可见部。

在人们患感冒或咽炎时，病菌可能通过咽鼓管蔓延至中耳，从而导致耳部感染。咽鼓管连通中耳和咽后部，它的开关可以让空气通过中耳和喉咙。耳部感染会导致浓稠、黄白色的脓液聚集在中耳。脓液会导致耳痛以及听力下降，如果脓液过多，甚至会导致鼓膜穿孔。穿孔的鼓膜有时能够自己修复，但是有时需要医生进行手术修复。

医生通常使用抗生素来治疗耳部感染。儿童耳部感染严重时，医生可能会在耳朵中放置细管帮助脓液流出。

延伸阅读： 抗生素；疾病；耳；病原微生物；听觉。

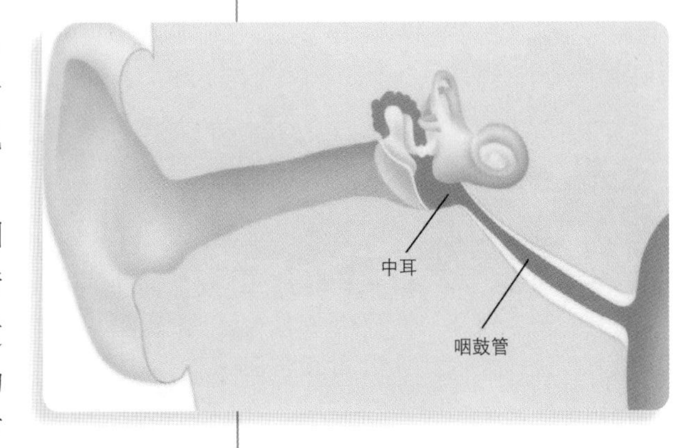

耳部感染是一种发生于中耳的常见疾病，脓液可能在中耳内或咽鼓管上端聚集。

耳镜

Otoscope

耳镜是一种医生用来观察患者耳朵内部的器械，可以帮助医生了解患者是否有耳部感染、疾病、损伤或其他耳部问题。

耳镜中包含放大镜。耳镜还有灯，能将光线照进耳朵里。

医生使用耳镜检查鼓膜。鼓膜是耳朵内的一块薄薄的组织。正常鼓膜看起来是珍珠白或浅灰色。如果鼓膜看起来是红色的，那么可能会有感染。

延伸阅读： 耳；耳部感染。

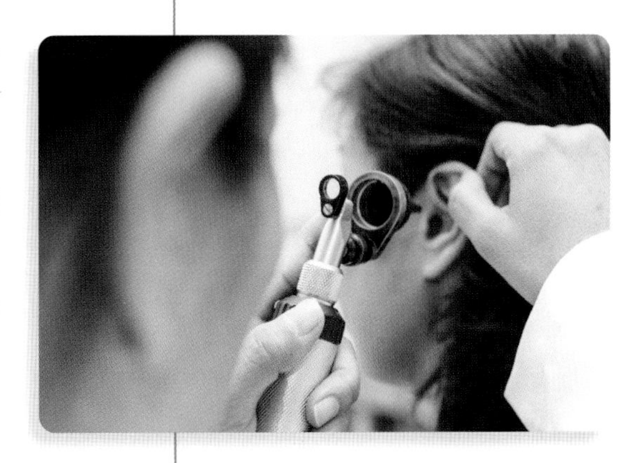

耳镜是用来检查患者鼓膜的一种医疗器械。

耳聋

Deafness

助听器帮助这些部分耳聋的女孩进行对话。现代助听器很小，可以放在耳后或耳朵里。

耳聋是指丧失听觉。完全耳聋的人什么声音都听不到。部分耳聋的人能听到一点声音，这些人称作听力障碍人士。

有听觉的人通过听别人的语言而学会说话。因此，先天性耳聋的儿童学习说话很困难。但耳聋不会阻碍一个人完成他的人生目标。治疗听力损失和适当的教育可以使耳聋患者有机会去实现大部分生活目标。

听力损失有两种主要类型：一种是因为声音无法传入内耳，这种耳聋通常由疾病或外伤引起；另一种是因为耳中的神经不能向脑部传输信息。

疾病是造成耳聋的主要原因。例如一种病灶在中耳的疾病，使耳朵里充满了液体，导致耳朵无法正常工作。该病常见于小儿，如果不立即医治，可能会导致耳聋。

内耳旁的骨骼增生也可能导致耳聋。事故、高分贝噪声和衰老也会损伤听力。另外也有很多人是先天性耳聋。

许多听力不佳的人佩戴助听器。助听器能放大声音，使其更响亮。耳聋的人也可以通过唇读法、手指拼写和手语来获取信息。唇读法指通过看说话者的嘴唇理解话语。手指拼写指字母表中的每个字母可用不同的手势表示。手语则用手势代表物体和想法。手语通常以其使用地区命名，例如法国手语。北美大部分地区使用的手语是美国手语。

延伸阅读： 残疾；耳；听觉；助听器。

活 动

美国手语

在美国手语中，可以用右手的手势表示字母表中的每个字母。人们也可以学习表示单词的手势。

1. 练习用手比划出图中显示的字母。然后学习使用手语拼出自己的名字。

2. 这是一些常见的手语。让你的朋友和家人猜猜你表示的是什么。

好　　晚上　　树　　月亮

二氧化碳

Carbon dioxide

二氧化碳是一种气体。人们看不见也闻不到它，但它就在我们周围的空气中，是地球大气层的一部分。

动物，包括人类，通过呼吸释放二氧化碳——他们吸入氧气，呼出二氧化碳。

人体细胞利用氧气来产生能量。人体通过肺部吸入氧气，而血液将氧气输送到人体细胞。当细胞产生能量时，也会生成二氧化碳作为废弃物。血液将这些二氧化碳运送到肺部，在那里二氧化碳被呼出体外。

二氧化碳比空气重，因此可能会在洞穴、矿井、地窖和井的底部汇集，并使这些区域的氧气含量降低，这种情况对人和动物都十分危险。

延伸阅读： 血液；循环系统；肺；呼吸。

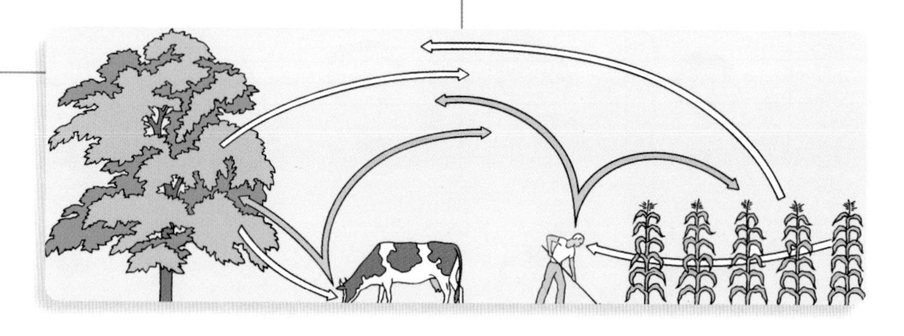

植物吸收人和动物呼出的二氧化碳，并释放氧气。人和动物吸入氧气并呼出由体内食物消耗产生的二氧化碳。

F

发热

Fever

发热是指体温高于正常水平。对人类而言，正常体温是37.0℃，医生认为体温在此数值上下波动0.5℃均为正常。大脑保持体温在正常范围。发热是生病最常见的信号。

并非所有的体温上升均为发热。例如，处于炎热的地方也可能引起体温高于正常水平。发热可由病原体入侵体内，致使大脑升高体温而引起。发热有助于抵抗病原体，但是体温过高也能造成危险。一些药物有助于退热。最好每次发热的时候都咨询医生。

延伸阅读： 疾病；病原微生物；伤寒；黄热病。

一位护士在用体温计判断小女孩是否发热。

反射

Reflex action

反射是对刺激的非自主反应。想象你的手不小心碰到了烫的东西，比如蜡烛的火焰，你会不假思索地收回手。收回手是一种反射，是对高温刺激的反应。

多数反射都不需要后天学习，是人类和其他动物生来就有的。

但是有些反射是可以通过后天学习的。苏联科学家巴甫洛夫做过一个实验：每次给狗喂食时都会摇铃，当狗得到食物时，会很自然地分泌唾液，最后，即使不提供食物，狗一听到铃声也会分泌唾液。这种通过后天习得的反射称为条件反射。

延伸阅读： 学习；神经系统；疼痛；巴甫洛夫。

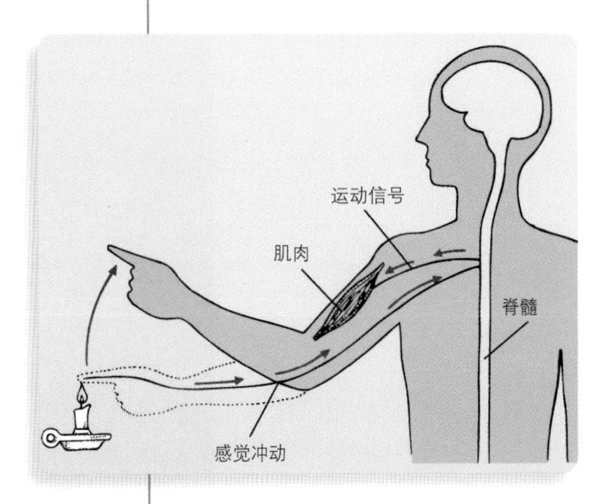

人触摸蜡烛的火焰时会产生反射，从而引发一种感觉冲动，沿着神经细胞传递到脊髓，脊髓对手臂肌肉发出运动信号，导致手臂立即收回。

放射学

Radiology

放射学是一门与观察人体内部结构相关的医学分科。

科学家最早使用X射线来观察生物内部结构，后来他们逐渐掌握了其他医学成像技术，包括CT或CAT扫描、PET（正电子发射断层扫描术）扫描、MRI（磁共振成像）扫描和超声波。

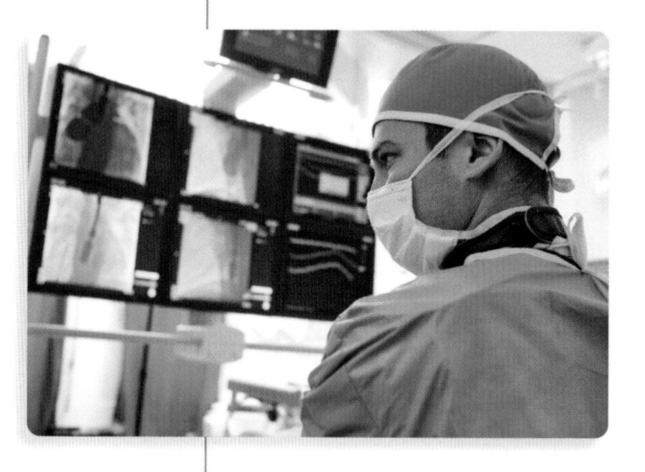

一位放射科医生在手术中检查患者的X射线影像，这些影像可以帮助外科医生决定如何继续进行手术。

X射线是一种可以穿过肌肉的电磁辐射，可以将皮肤下方的图像呈现在摄影胶片上。医生通常用X射线来观察骨骼。CT扫描仪可利用X射线来呈现患者体内器官的横截面图像，计算机将多次CT扫描产生的横截面图像结果组合起来以创建器官的三维图像。PET扫描仪则使用伽马射线来观察大脑和其他身体组织内的化学活动。MRI则利用磁场和无线电波来拍摄身体内部的组织。超声设备利用一种人类无法听见的高频声波来产生人体内正常或患病组织的图像，超声波还用于母亲子宫内胎儿的成像。

所有放射学检查中都用到各种复杂的机器，医生通常借助放射学检查产生的影像来帮助他们找出疾病的病因和治疗方法。

延伸阅读： 磁共振成像；医学；正电子发射断层扫描术；超声波。

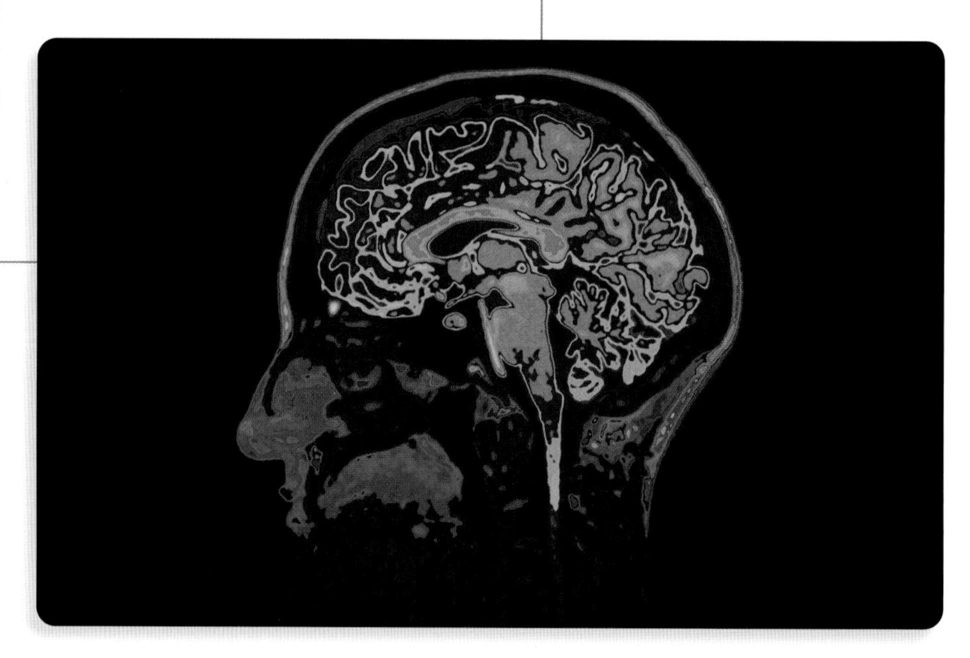

磁共振成像扫描可显示人脑内部的许多细节，计算机对图像进行着色来突出显示某些特定的脑部区域。

非典型肺炎

SARS

非典型肺炎亦称严重急性呼吸系统综合征，是一种呼吸系统的传染性疾病。它于 2003 年首次在人类中被发现。

非典型肺炎的症状包括咳嗽和呼吸困难后的持续高烧，对某些人还会引起肺炎。

全球第一次非典型肺炎疫情发生之初，医生并没有意识到这是一种新型疾病，他们认为这是一种流感。几个月后，该病被确认为一种由冠状病毒引起的疾病。科学家认为这种疾病可能源于蝙蝠。

延伸阅读： 咳嗽；疾病；发热；肺；肺炎；呼吸；病毒。

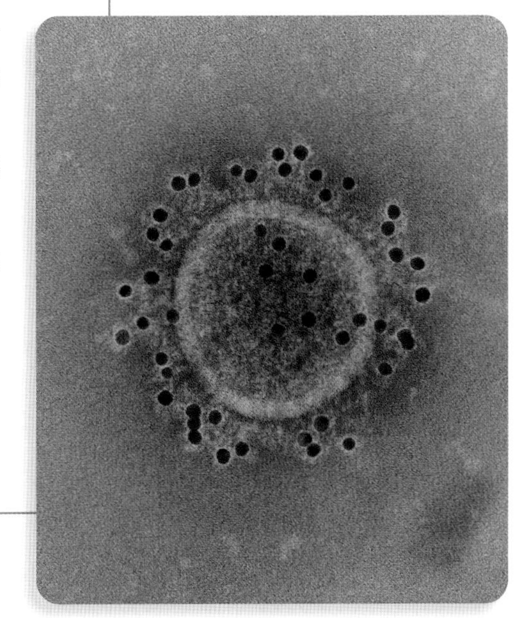

引起非典型肺炎的病原微生物称为冠状病毒。在显微镜下，它看起来像一个王冠。

肥胖

Obesity

肥胖是因为身体储存了过多的脂肪。当摄入的能量超过身体日常活动所需时，人就会变胖。

医生会使用体质指数（BMI）判断一个人体内脂肪是否过多。BMI 是人的体重（千克）与身高（米）平方值之比。BMI 大于 30 的成年人被认为是肥胖。医生使用特殊图表检查 2～20 岁人群的 BMI，以确定年轻人是否超重或肥

体重取决于许多因素，包括运动量以及饮食中的食物种类和数量。年龄、性别、基因（遗传）和环境也可以决定一个人的体重。

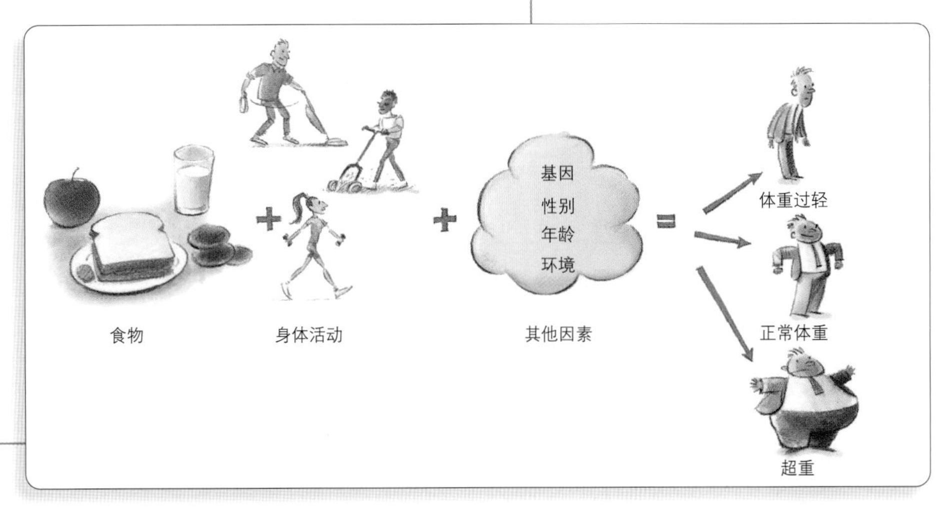

胖。其他图表适用于 20 ～ 35 岁及 35 岁以上的人群。

医生正在研究为什么有些人会变得肥胖而有些人却没有，但他们知道肥胖并不健康。肥胖会导致严重的健康问题，包括心脏病、糖尿病、关节炎和癌症。医生试图帮助肥胖的人减肥。

延伸阅读： 饮食；脂肪；食物；体重控制。

肺

Lung

肺是人类和其他呼吸空气的动物的呼吸器官。一个人有两个肺，都在胸腔里。当一个人呼吸时，空气就会进出肺部。血液通过肺部吸收氧气，身体需要氧气才能存活。血液里的二氧化碳由肺部排出，身体将二氧化碳作为废物排出。

肺就像能伸缩的袋子，充满了数以百万计的肺泡。

空气通过口鼻进入人体。它穿过口鼻的后部以及喉部，然后进入一个通向肺泡的管道系统。这些管道像一棵树，分成大大小小的树枝。

右肺由三个肺叶组成。左肺有两个肺叶。空气通过支气管进入肺部，支气管可分裂成细支气管。每个细支气管通向称为肺泡的微小气室。二氧化碳在肺泡内和氧气交换。

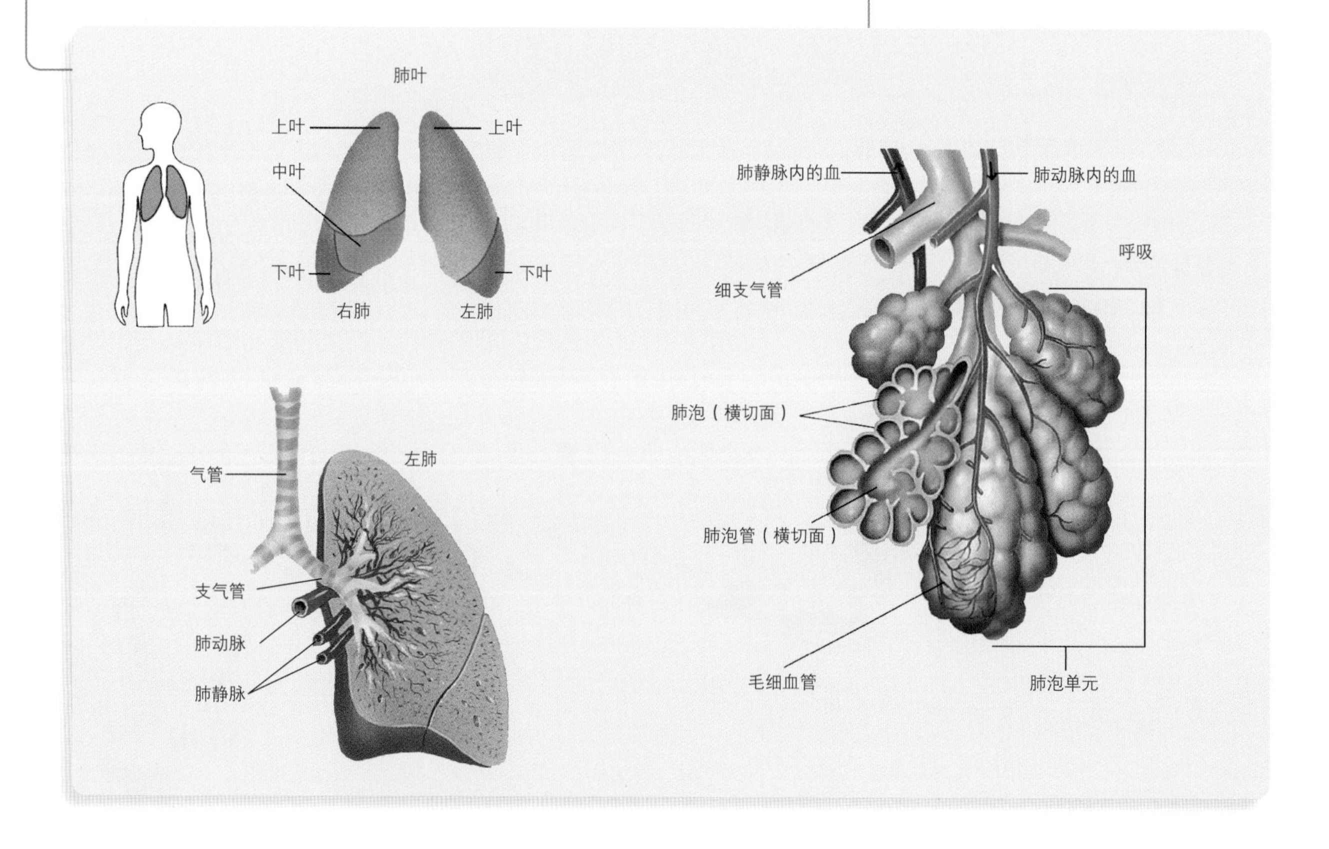

要给血液提供氧气同时清除二氧化碳，肺部必须带入新鲜空气同时排出旧空气。当胸壁中的肌肉导致肺变大时，新鲜空气会进入肺部。当肌肉放松时，肺又变小了，气体就排到周围的空气中。

缺少氧气的血液被心脏泵入肺泡壁。这些壁非常薄，氧气和二氧化碳很容易通过。氧气从肺泡进入血液，血液回流到心脏，富含氧气的血液随后被泵至身体的不同部位。

肺也有其他功能。它保护身体免受与空气混合的细菌、病毒和尘埃等有害物质的入侵。肺部有一种黏液，可黏附大部分入侵物质。微小的纤毛状结构将黏液向上推入喉咙。在那里，黏液和黏附物质都被咳出或吞下。从肺部排出的空气有助于人们说话和发出其他声音。

延伸阅读： 哮喘；支气管炎；二氧化碳；咳嗽；膈；肺癌；黏液；肺炎；呼吸；气管。

肺癌

Lung cancer

肺癌是由肺部某些细胞增殖失控引起的危险疾病。癌细胞会杀死其他正常细胞。

吸烟是导致肺癌的主要原因。一个人吸烟的时间越长，患肺癌的风险就越大。

肺癌的症状包括咳嗽、气短、咳血、胸痛或声音嘶哑。症状出现时，许多肺癌已经扩散到全身。肺癌一旦扩散，就难以治愈。

医生有时可以治愈癌症尚未扩散的患者。他们可以通过手术切除全部或部分肺，也可用化学治疗或强力 X 射线辐射来杀死癌细胞。

延伸阅读： 癌症；咳嗽；疾病；肺。

吸烟是导致肺癌的主要原因。吸烟者戒烟可以降低患肺癌的风险。

肺气肿

Emphysema

肺气肿是一种肺部疾病，患者往往呼吸困难。该疾病缓慢破坏患者的肺泡壁。许多肺气肿病例都与吸烟、空气污染和糟糕的生存或工作环境有关，还有一些与反复感染或遗传因素有关。在美国，肺气肿是导致死亡的主要原因之一。该病症状往往在50岁左右才出现，患者主要为男性。肺气肿无法治愈，但是当前的治疗方法可以降低肺部的进一步损伤。

延伸阅读： 疾病；肺；呼吸。

肺炎

Pneumonia

肺炎是一种肺部疾病，通常是由细菌、病毒或真菌等微生物引起的。

当患有肺炎的人咳嗽或打喷嚏时，肺炎病菌就会进入空气中，其他人通过吸入病菌感染肺炎。病菌在人的肺内生长，可能会造成肺部充满积液。

多数通过细菌感染肺炎的人会突然发冷、高热、胸痛，还可能会咳出黏液，病毒导致的肺炎病症则通常较为缓和。患上肺炎的人通常需要卧床休息，利用药物也可治愈肺炎。

延伸阅读： 细菌；疾病；发热；肺；黏液；病毒。

患有肺炎的人肺部会有积液，在这张X光片中表现为浅色区域。

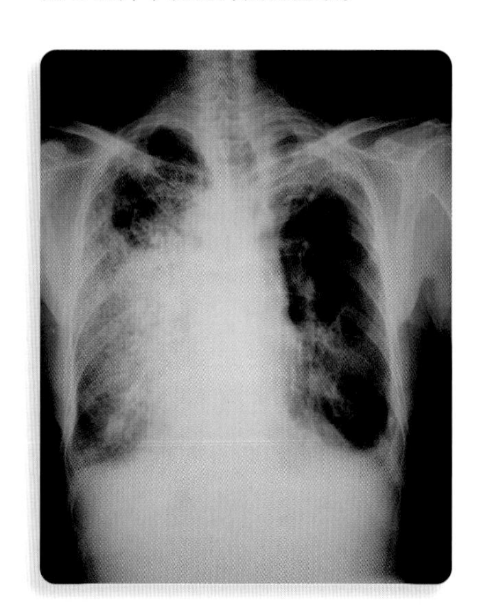

分娩

Childbirth

分娩是指女性产下婴儿的过程。婴儿在分娩前，会在母亲的子宫里生长约9个月。

子宫由肌肉组成，随着胎儿的成长而变大。在分娩期间，子宫先是收缩，随后放松。这个过程会不停重复。通过这种方式，子宫将胎儿推入子宫下端的子宫颈。最后，子宫将胎儿推过母亲的阴道，推向外界。

当胎儿离开母体时，就开始呼吸。出生后，医生会剪断脐带。脐带是将营养物质和氧气通过母亲的血液传递给胎儿的

一位母亲正抱着她刚出生的孩子。刚出生的孩子非常无助，母亲的关爱和亲密接触对他的成长非常重要。

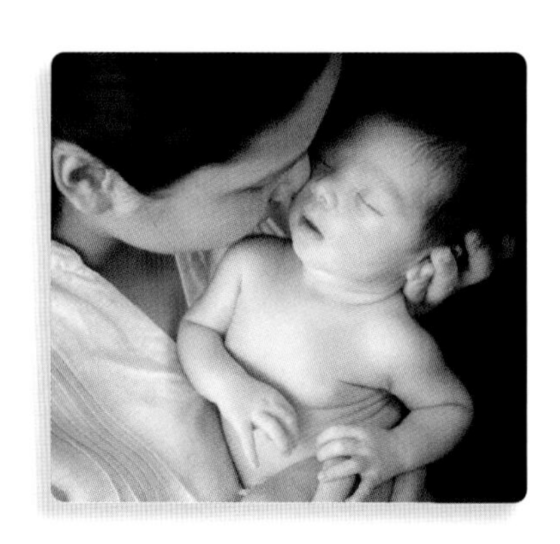

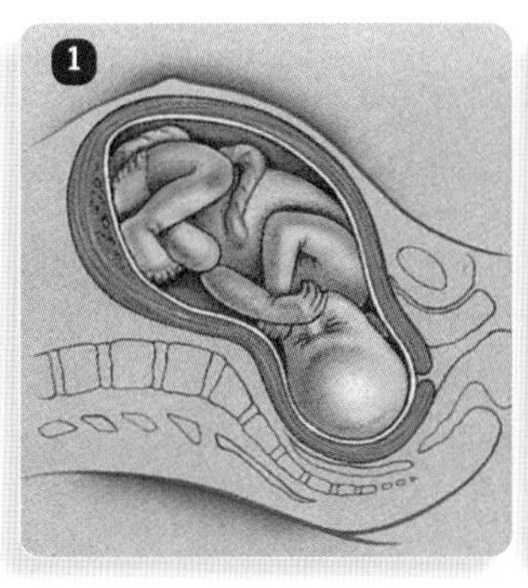
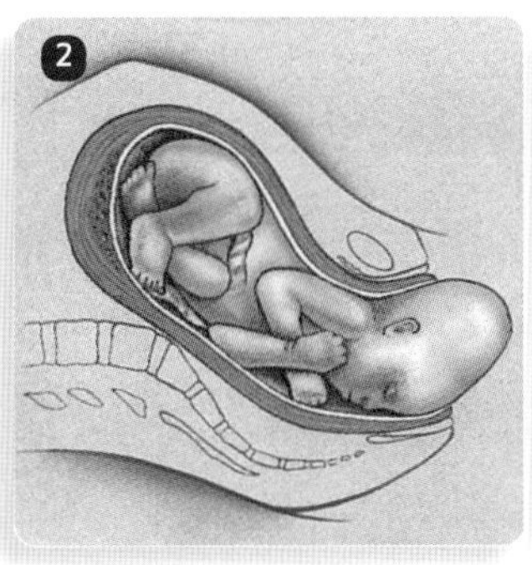
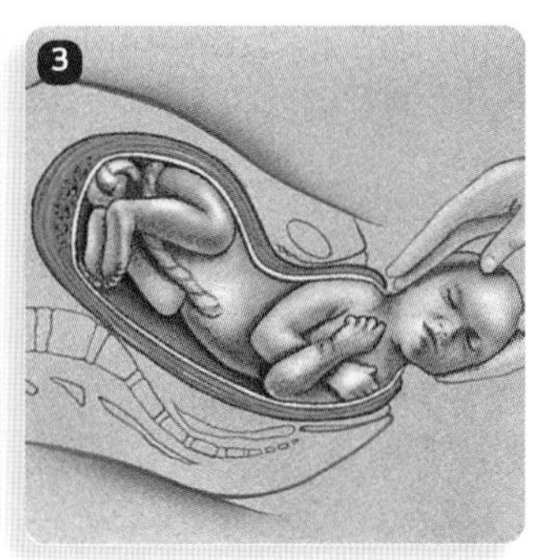

出生前，胎儿的头部位于子宫开口附近(图1)。由于肌肉收缩运动迫使胎儿离开子宫(图2)，头部转动，胎儿通过阴道(图3)。

通道。

有时，母亲不能正常分娩。可能是因为胎儿太大，也可能是其他原因。这时需要进行剖宫产手术，以便产下婴儿。

分娩可能会很痛苦。医生经常用药物来缓解分娩的疼痛。有些妈妈会学习特殊的放松和呼吸方法，使分娩不那么痛苦。

延伸阅读： 婴儿；儿童；连体双胞胎；怀孕；人类生殖；疼痛；子宫；阴道。

分子医学

Molecular medicine

分子医学是利用细胞生物学和疾病生物学基本知识研发疗法和药物的科学。通常专注于研发因基因异常或基因功能异常导致的疾病的疗法。

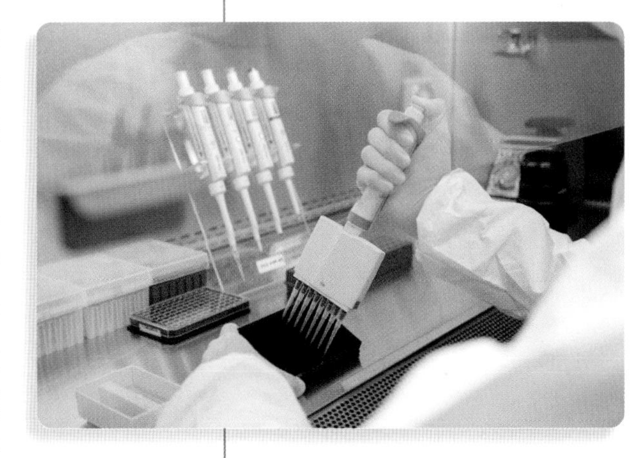

一位分子医学的研究人员在准备用于基因治疗实验的血液样本。

科学家知道，某些疾病是从一代传给下一代的，这些疾病称为遗传性疾病，例如囊性纤维化、血友病和镰状细胞贫血。它们都是由单一的异常基因引起的。分子医学的研究人员致力于研究与复杂疾病相关的基因。其中一些疾病是癌症、心脏病和糖尿病。复杂疾病是由多个异常基因引起的。

分子医学的其他发展包括利用基因治疗修正缺陷基因。基因治疗还包括制造人工染色体。然而，当今分子医学中的大多数技术都是实验性的。

延伸阅读： 细胞；染色体；疾病；基因；基因治疗；遗传；医学。

风湿病学

Rheumatology

风湿病学是一门研究影响人体关节的疾病，即风湿病的学科。

风湿病专家主要治疗病人所患的各种关节疾病，即关节炎，也治疗一般的背部疼痛和肌肉、骨骼、关节疼痛。风湿病专家不做手术，但他们经常与外科医生和其他医生密切合作，治疗病人。

延伸阅读： 关节炎；骨；软骨；疾病；关节；医学。

风疹

Rubella

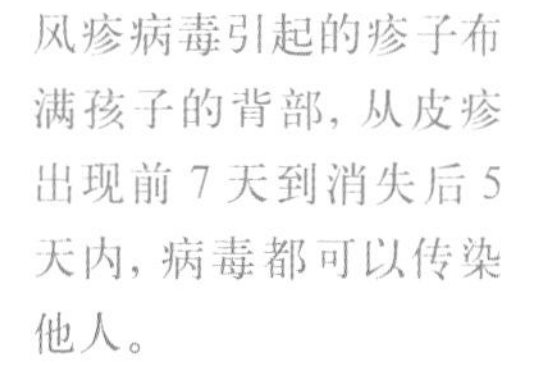

风疹病毒引起的疹子布满孩子的背部，从皮疹出现前 7 天到消失后 5 天内，病毒都可以传染他人。

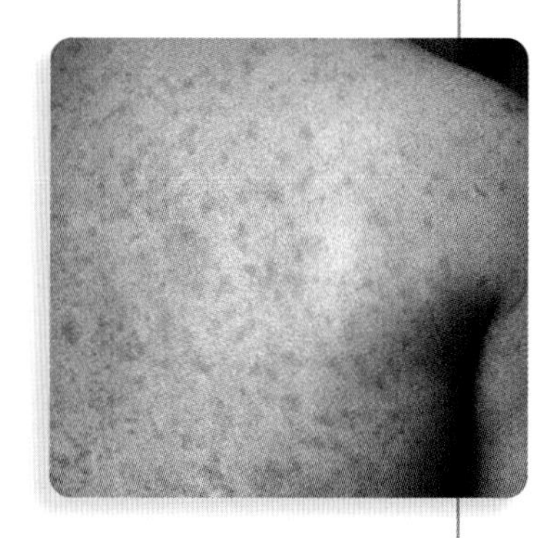

风疹是由病毒引起的疾病，当风疹患者咳嗽或打喷嚏时病毒就会开始传播。

人通常在儿童或青少年时期感染风疹病毒，感染后会出现低烧、喉咙痛和流鼻涕的症状，颈部和耳后会出现红肿，还可能出现大片的红疹。

年轻的风疹患者通常不会病得太严重，皮疹消退一周后他们就可以回到学校，但是风疹对于孕妇而言是危险的，风疹可能会导致婴儿生来就有视力或心脏问题。

1969 年，科学家发明了一种疫苗（特殊注射）来预防风疹。大多数孩子会在 15 个月大的时候第一次接种，然后在 4 岁之后再次接种。

延伸阅读： 咳嗽；疾病；免疫接种；麻疹；皮肤；打喷嚏；病毒。

疯牛病

Mad cow disease

疯牛病的学名是牛海绵状脑病，是一种侵害牛中枢神经系统的疾病，会导致动物行为异常、行走困难甚至死亡。疯牛病损害动物的脑部，使脑组织在显微镜下观察时呈海绵状。科学家认为，食用受感染的牛肉会导致人类患上类似的疾病。

疯牛病于1986年在英国被首次发现。英国绵羊有时会患绵羊痒病，这种病与疯牛病相似。科学家认为，当牛被喂食患有绵羊痒病的羊的脑和脊柱时，这种疾病就会从羊传给牛。

延伸阅读： 脑；疾病；农场和耕作。

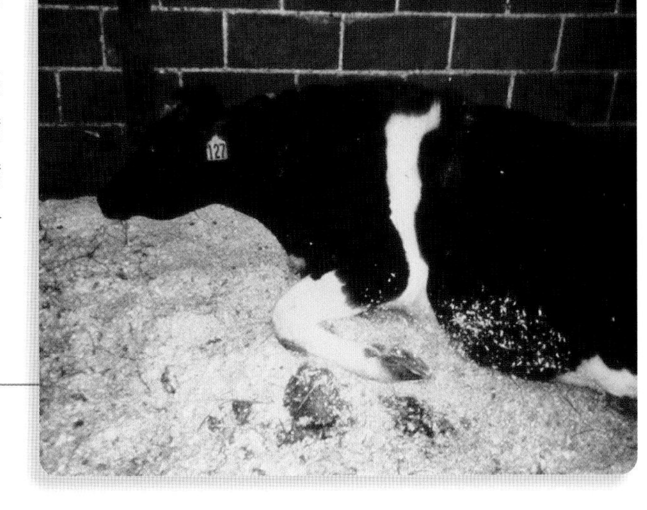

一头患有疯牛病的牛无法站立并试图挖洞。

弗莱明

Fleming, Sir Alexander

亚历山大·弗莱明爵士（1881—1955）是发现第一种抗生素（青霉素）的英国医生。抗生素是一种能够杀死细菌的药物。

1928年，弗莱明看见他实验室的培养皿内长了绿色的霉菌。霉菌是一种绒毛状的真菌，可分解动物或植物残骸。弗莱明实验室里的霉菌称为青霉菌。

弗莱明发现培养皿内的青霉菌可以杀死它菌落周围的细菌，这种霉菌可以产生一种抗生素来抵御细菌，保护自身。另外两位科学家弗洛里和钱恩则用这种霉菌大量生产了青霉素。弗莱明和这两位科学家共同获得1945年诺贝尔生理学或医学奖。

弗莱明于1881年8月6日生于苏格兰，就读于伦敦大学圣玛丽医学院。他于1955年3月11日逝世。

延伸阅读： 抗生素；钱恩；弗洛里；青霉素。

弗莱明

弗洛里

Florey, Lord

霍华德·华特·弗洛里男爵（1898—1968）是一位英国细菌学家。细菌属于微生物，一些细菌是导致疾病的病原体。

弗洛里和另一位科学家钱恩一起开发了青霉素。青霉素是最先被发现的抗生素，而抗生素则是可以杀死细菌的物质。

弗莱明于1928年发现青霉素，青霉素由青霉菌自然合成。1940—1941年，弗洛里的研究团队制作了大量的青霉素，并且检验了它的药用价值。现在，青霉素是治疗细菌感染的一种有效药物。弗洛里与弗莱明、钱恩共同获得1945年诺贝尔生理学或医学奖。

弗洛里于1898年9月24日生于澳大利亚阿德莱德，于1968年2月21日逝世。

延伸阅读： 抗生素；钱恩；弗莱明；青霉素。

弗洛里

弗洛伊德

Freud, Sigmund

西格蒙德·弗洛伊德（1856—1939）是一位奥地利医生，他改变了人们对于思维方式的看法。他大大推动了精神病学和心理学领域的进步和发展，他的工作帮助了数以百万计的心理疾病患者。他的思想也为儿童护理、教育和社会学带来了新的方法。许多作家和艺术家在书、戏剧、电影和绘画作品中运用他关于思维的观点。

弗洛伊德于1856年5月6日生于摩拉维亚弗赖堡（现在是捷克共和国的一部分）。1881年毕业于奥地利维也纳大学医学院。1885年，他前往巴黎师从于著名科学家沙可（Jean Martin Charcot）。沙可当时致力于治疗有歇斯底里症的精神病患者。他们中的一些人看似失明或瘫痪，但实际上并没有生理损伤。

1886年，弗洛伊德返回维也纳，开始在歇斯底里症患者

弗洛伊德

中开展研究工作。他逐渐形成了关于精神疾病的成因和治疗方法的思想。弗洛伊德发现许多患者依照他们自己未意识到的驱动力和经历来做出行为，他将自己的治疗方法称为精神分析。许多医生不同意弗洛伊德的观点，但是他也吸引了许多支持者。1939 年 9 月 23 日，弗洛伊德因癌症逝世。

延伸阅读： 精神疾病；瘫痪；精神病学。

父母

Parent

人有两种类型的父母，生物学上的父母和社会学上的父母。前者是孕育婴儿的男女，他们提供了孩子的遗传特征。后者是抚养孩子的人，与前者可能相同也可能不同。

父母为孩子提供照顾、关爱和训练。儿童需要多年的照顾，包括提供食物和住所、提供保护以免受伤害。关爱也是孩子健康成长的必要条件。父母通过鼓励良好的行为、劝阻不良行为及以身作则来教育孩子辨别是非。

延伸阅读： 婴儿；儿童；遗传。

父母对孩子的生活有很重要的影响。父母为孩子提供照顾、关爱和训练。

妇产科

Obstetrics and gynecology

妇产科是处理妇女健康的医学领域。产科涉及怀孕、分娩和分娩后的时期，妇科涉及女性生殖器官。两者合称妇产科。

在怀孕期间，产科医生照顾母亲和未出生孩子的健康。在分娩期间，产科医生帮助分娩。产科

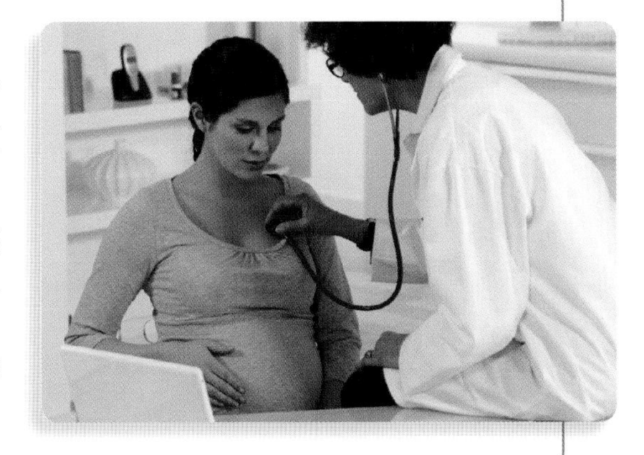

产科医生在检查期间听诊母亲的心跳。在怀孕期间，产科医生照顾母亲和未出生孩子的健康。

医生还会对母亲进行随访以确保她产后完全恢复。

妇科医生处理女性生殖系统的问题。这些问题可能是由于感染、肿瘤、损伤或激素失衡造成的。妇科医生可以通过药物或手术来治疗患者。

延伸阅读： 婴儿；分娩；医学；怀孕。

腹部

Abdomen

腹部是身体的一部分，位于胸部和臀部之间。有时也称为肚子。腹部容纳着重要的生命器官，包括胃、肝脏、胰腺、肠和肾脏。腹前外侧群肌、腹后群肌和脊椎协同固定腹部脏器。

延伸阅读： 人体；肠；肾脏；肝脏；胰腺；胃。

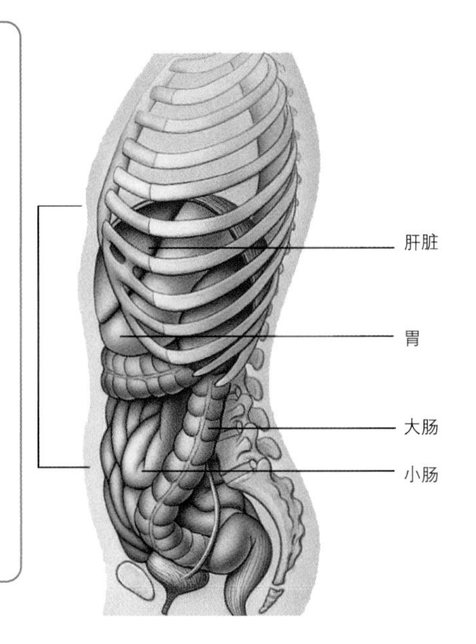

腹部容纳着大部分的消化器官，包括胃和肠道。

腹泻

Diarrhea

腹泻是指频繁排便的病症。腹泻时，粪便通常是水样或糊状的，可能含有黏液、脓液或血液。腹泻患者也可能伴有胃痉挛。

腹泻最常见原因是吃了或喝了被病毒、细菌或其他病原微生物污染的食物或饮用水。一旦身体清除了入侵的细菌，腹泻症状就会消失。情绪状态较差，比如紧张或恐惧时，也可引起腹泻。

长时间腹泻可能导致脱水和其他健康问题。如果腹泻持续超过几天，或者年幼婴儿、老年人或重症患者发生腹泻，应及时就医。腹泻也可能是更严重疾病的征兆。医生通过给患者补充体内流失的水分和盐分来治疗腹泻。

延伸阅读： 肌肉痉挛；脱水；消化系统；食物中毒；病原微生物；肠。

钙

Calcium

钙是一种对所有生物都必不可少的化学元素。化学元素是指仅由一种原子构成的物质。钙是人体中含量丰富的一种化学元素。

钙对骨骼和牙齿十分重要。它可以促进牙齿和骨骼生长并保持坚固。钙有助于血液凝结，以阻止伤口流血。另外，钙也有助于肌肉运动。

人们可以通过喝牛奶、吃奶酪和其他乳制品来摄入钙。此外，食用绿色蔬菜和其他特定食物也可以摄入钙。

延伸阅读： 出血；骨；食物；矿物质；肌肉；营养学；骨质疏松症；牙齿。

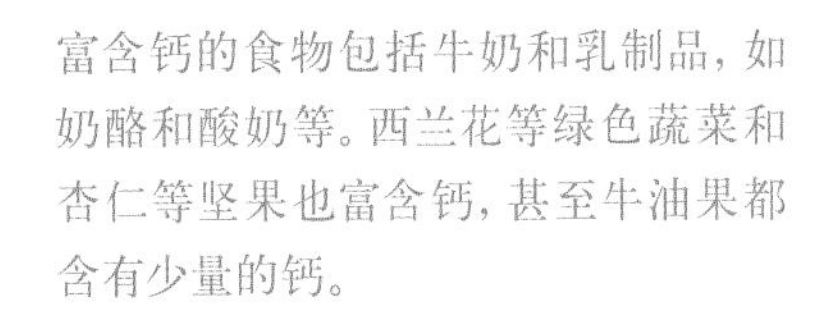

富含钙的食物包括牛奶和乳制品，如奶酪和酸奶等。西兰花等绿色蔬菜和杏仁等坚果也富含钙，甚至牛油果都含有少量的钙。

盖伦

Galen

盖伦（129—约 210）是历史上最著名的医生之一，他生活在古罗马时代。

盖伦的出生地位于现在的土耳其。他 14 岁开始学医，随后成为给角斗士看病的医生。角斗士是经过专门训练的武士，他们通过互相搏斗来娱乐观众。通过照顾角斗士，盖伦学会治疗生病和受伤的人。

盖伦也通过动物实验进行学习，他发现动脉运输血液。在此之前，人人都认为动脉运输的是像空气一样的物质，称为元气。盖伦撰写的医学书籍，人们在几百年后仍在学习，但是他也有许多观点是错误的，比如，他认为血液是由肝脏产生的。

延伸阅读： 医学；医生。

盖伦

肝炎

Hepatitis

肝炎是一种损伤肝脏的疾病。分为五型，分别是甲型、乙型、丙型、丁型和戊型，每型的治疗方法各不相同。

大多数患者都是由于感染某种病毒而患上肝炎，但是有些人患肝炎则是由于滥用药物或酒精。

肝炎患者可能会出现疲乏、食欲下降和反胃、发热或腹部肝区疼痛、尿色变深、皮肤变黄等症状。

大多数肝炎患者用药后会好转，但是有些人的病情会恶化，发展为一种严重的肝脏疾病，称为肝硬化，有些类型的肝炎还可能导致死亡。

延伸阅读： 酗酒；肝硬化；疾病；肝脏；病毒。

肝硬化

Cirrhosis

肝硬化是一种肝脏疾病。肝脏可以清除血液中的有害物质，还有助于消化和储存食物。

健康的肝脏是海绵状的。肝硬化时，部分肝脏变硬，硬质部分含有疤痕组织，阻止血液流过肝脏，导致肝脏无法完成相应的工作。

可能导致肝硬化的原因有很多，比如多年的过量饮酒；某些感染也可能导致肝硬化。有些肝硬化患者会变得非常虚弱甚至死亡，有些则可以活很长时间。肝硬化患者必须服用药物，正确饮食，而且需避免饮酒。

延伸阅读： 酗酒；疾病；肝脏。

在这张通过显微镜拍摄的照片中，肝脏的硬化部分呈现暗色，健康细胞则呈粉红色。

肝脏

Liver

肝脏是人体内最大的腺体。腺体是产生化学物质的器官。肝脏是身体的主要“化工厂”，它也储存营养物质。

肝脏呈红褐色，位于腹腔右上方，且在胃和肠的上方。一个成年人的肝脏重约 1.4 千克。

肝脏帮助人体消化食物，它制造胆汁——一种帮助消化脂肪的液体。肝脏也会从血液中清除一些已消化的营养物质并储存起来。然后，当身体需要营养时，肝脏将其释放回血液中。肝脏还清除血液中的毒物和废物，帮助身体对抗疾病。

延伸阅读： 腹部；肝硬化；消化系统；腺体；肝炎。

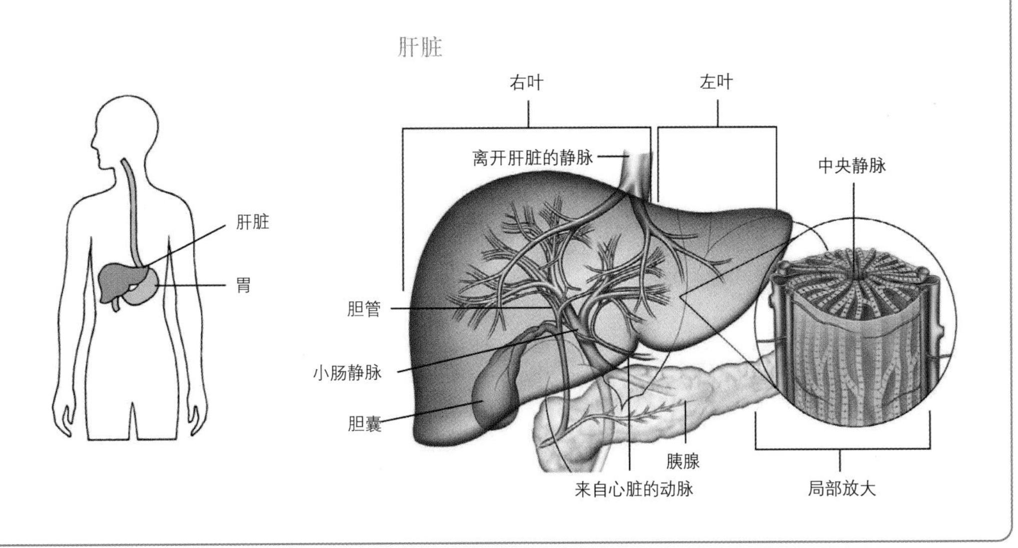

肝脏

感觉

Senses

感觉是我们了解周围发生的事情的重要途径。主要包括五种：(1) 听觉；(2) 视觉；(3) 嗅觉；(4) 味觉；(5) 触觉。还包括告诉我们身体位置、运动和需要的感觉，如平衡感、饥饿感、口渴感和痛感。

科学家将感觉分为两类，分别是：(1) 外部感觉；(2) 内部感觉。

我们的外部感觉感知外部事物。一些外部感觉，比如视

我们的感觉主要分为两类。外部感觉告诉我们远处发生的事和与身体接触的事物，内部感觉告知我们有关体内变化的信息。

外部感觉中听觉和视觉感知身体远处发生的事情。味觉、触觉、嗅觉感知与身体接触的事物。该图显示这些感觉的受体集中在哪里。

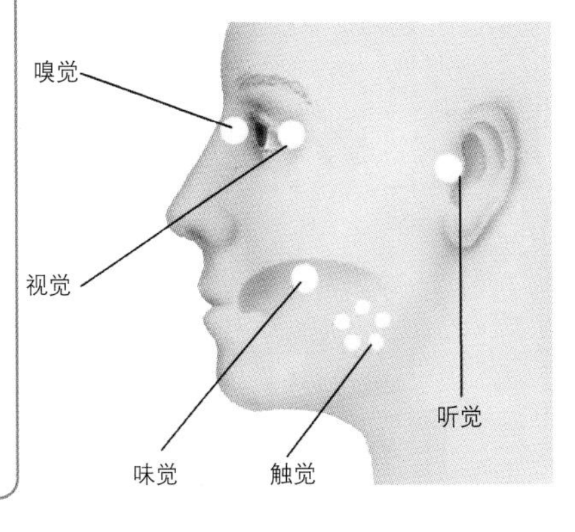

外部感觉及其受体

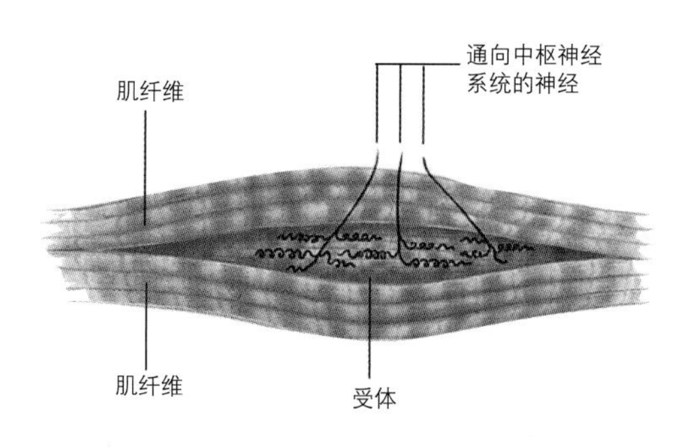

肌纤维的内部感觉受体

内部感觉给大脑发送关于体内变化的信息。这些感觉控制着如疲劳、饥饿、痛苦和口渴等感受，还通过控制肌肉对应激产生应答。这张图展示了肌纤维中的受体。

人类通过感觉感知周围的世界。

觉、听觉和热感，可以让我们感知远处发生的事情。其他外部感觉，如味觉、触觉和嗅觉，帮助我们感知与身体接触的事物。

我们的内部感觉告诉我们身体内部发生的变化，它们向大脑发送有关此类变化的信息。例如，这些感觉能告知我们是否饥饿、口渴、疲倦或疼痛。我们的内部感觉也会调节肌肉做出相应的反应。当我们移动头部、手臂或腿时，内部感觉记录身体内部发生的变化。

有些动物能感受到人类感觉不到的事情，这些动物的感觉比人类的更加敏锐。例如，一些动物可以听到人们听不到的高频或低频的声音，一些动物则可以看到人类看不到的光的波段，还有一些动物则可以感知人类无法察觉的电流或磁场变化。

延伸阅读： 失明；耳聋；耳；眼睛；听觉；神经系统；鼻；视错觉；疼痛；嗅觉；味觉；舌头；触觉；视觉。

感知

Perception

感知是人类和其他生物感受、了解和理解周围世界的方式。我们对世界的认识来自我们的感觉器官，这些器官对我们周围的各种物理能量做出反应。

例如，眼睛将某种能量视为光，鼻子和舌头将环境中的化学变化视为气味和味道，皮肤中的感觉器官会对温度变化和疼痛等因素做出反应，耳朵对某些类型的振动做出反应。

感知的一部分来自感觉器官，而另一部分则来自脑部。脑部把眼睛发出的信息理解为光和颜色，把耳朵发出的信息理解为声音。

延伸阅读： 脑；耳；眼睛；听觉；感觉；嗅觉；味觉；触觉；视觉。

干细胞

Stem cell

干细胞是一种可以发育成构成身体组织和器官的各种细胞的细胞。生物体发育的原始细胞是干细胞。干细胞也存在于许多成年人器官中。

干细胞能永久分裂，产生更多的干细胞或其他类型的细胞。许多科学家认为，利用干细胞替代受损组织，治疗某些疾病患者，是有可能的。这个想法让人们开始质疑破坏人类胚胎获取干细胞用于医学研究是否正确。

干细胞存在于成年人体内。它们可以存在于皮肤、肝脏和肌肉中。科学家正致力于开发利用这种成体干细胞的方法。如果成功，他们将不必利用来自胚胎的干细胞来开发治疗方法。

延伸阅读： 细胞；胚胎。

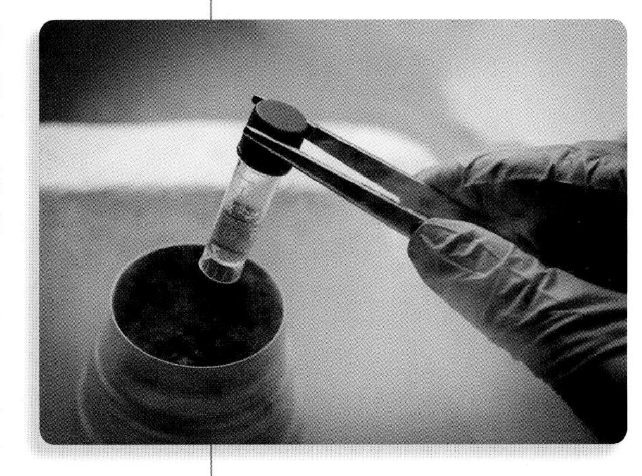

干细胞储存在这个微小的容器中。

肛门

Anus

肛门是一个小开口，废物经这个开口排出体外。几乎所有的动物都有肛门。它通常位于身体后部。

肛门是消化系统的一部分。消化系统由分解食物的器官组成，始于口腔，止于肛门。

食物被分解后，一些变成身体可以利用的物质，剩下的变成粪便。粪便聚集在大肠中，通过肛门排出体外。

延伸阅读： 消化系统；食物；肠。

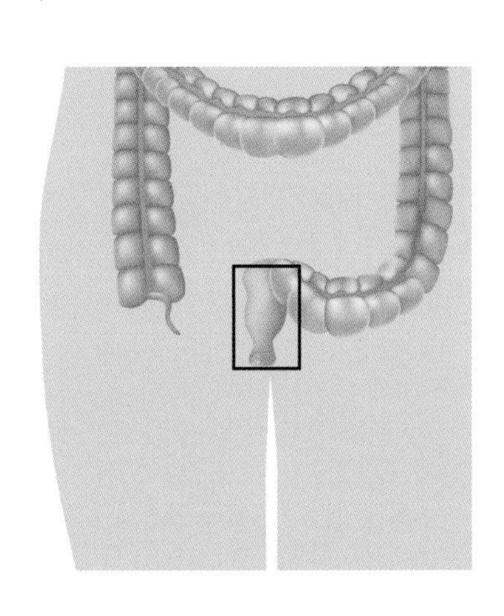

食物被分解后产生的废物通过肛门排出体外。

纲

Class

纲是科学分类法中的单位之一。纲的等级低于门，一个门中通常有多个纲。纲的等级又高于目，一个纲通常包含多个目。

同一纲的动物有一定的相似之处。人类属于哺乳纲。哺乳动物是表皮被毛的动物，用母乳喂养下一代。几乎所有的哺乳动物都直接分娩出成活的子代。猿、马、狮子和老鼠都是哺乳动物。

其他相似的动物群体各组成一个纲。例如，鸟类可组成一个纲，它们都拥有翅膀和羽毛。

延伸阅读： 科学分类法；目；门。

非洲象
家猫
人类
老鼠

大象、人类、猫和老鼠都是哺乳纲的成员。

高血压

Hypertension

高血压是一种以血压升高为主要表现的疾病，可导致心脏病发作或其他严重问题。

医生用药物治疗高血压。高血压患者应减肥，忌咸食，经常运动。

血压是血液对动脉壁的侧压力。动脉是将血液输送到全身的血管。

血压通常用两个数字表示。第一个数字是心脏收缩时的血压，第二个数字是心脏舒张时的血压。一个年轻人的正常血压在120/80以下。医生认为血压在140/90以上就是高血压。

延伸阅读： 动脉；血压；疾病；心脏病发作。

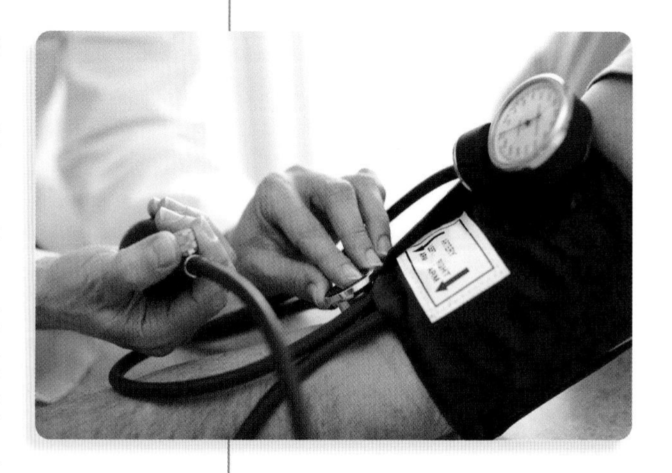

高血压是一种以血压升高为主要表现的疾病。一个人如果血压在140/90以上就患有高血压。

高原反应

Altitude sickness

高原反应是一种由海拔高度引起的疾病。它是由血液和身体组织缺氧引起的。通常生活在低海拔地区的人们可能难以适应山区的高海拔。随着海拔升高,气压降低,较低的气压迫使身体在缺氧状态下运转。

高原反应会损害登山者的健康。可以通过逐渐攀爬和休息,使得身体逐渐调整以避免高原反应。

预防高原反应最有效的方法是逐渐而非突然攀升到高海拔地区。最好的治疗方法是把病人转移到较低海拔地区。如有必要,医生也可以给病人配备额外的氧气和药物。一些药物有助于预防和治疗高原反应。

高原反应也可以用一种由轻质面料制成的特殊舱来治疗,比如便携式高压舱。病人可以待在这个密封舱里,使用气泵来提高舱内的气压。

延伸阅读: 血液;循环系统;运动医学。

睾酮

Testosterone

睾酮是体内的一种化学物质。它使人类和其他动物具有雄性特征。它是激素的一种。激素是身体中一些组织产生的物质,会引起身体其他部位的变化。

睾酮主要在睾丸中产生。睾丸是雄性体内的两个腺体,它们参与繁殖。雌性也会产生少量的睾酮。睾酮在青春期引起男性身体的变化。青春期是孩子的身体慢慢地变成成年人身体的阶段。

睾酮可以引起脸上和其他地方的毛发生长,肌肉也开始变大,声音开始变得更粗。此外,睾酮帮助身体产生精子。

延伸阅读: 腺体;激素;脑垂体;青春期;人类生殖。

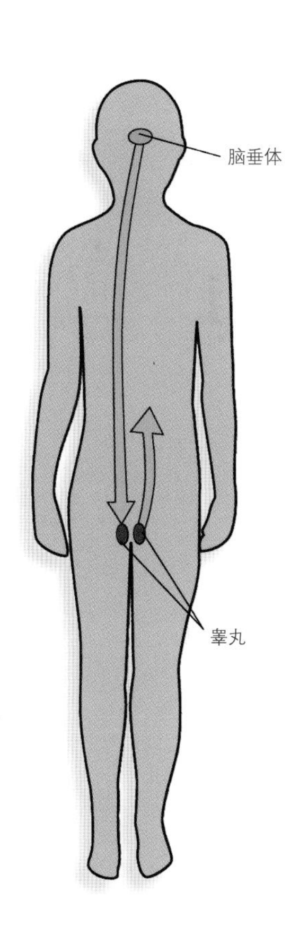

在青春期的男性身体中,与大脑相连的脑垂体会促进某些激素的产生。这些激素传递到睾丸,在那里促进睾酮的产生。

睾丸

Testicle

睾丸是男性生殖系统中的一对腺体。它们很小，呈椭圆形，位于阴茎后侧的阴囊里。它们产生精子和激素。

每个睾丸都覆盖着坚韧的、纤维状的物质。该物质还将睾丸分成约 250 个部分，每部分最多包含四个生精小管。精子是在生精小管中产生的。

睾丸产生睾酮。它是在生精小管之间的组织中产生的。睾酮促进成年男性特征的发育，包括生长胡须、肌肉增大、声音低沉、性器官变大。

延伸阅读： 腺体；激素；人类生殖；性别；睾酮。

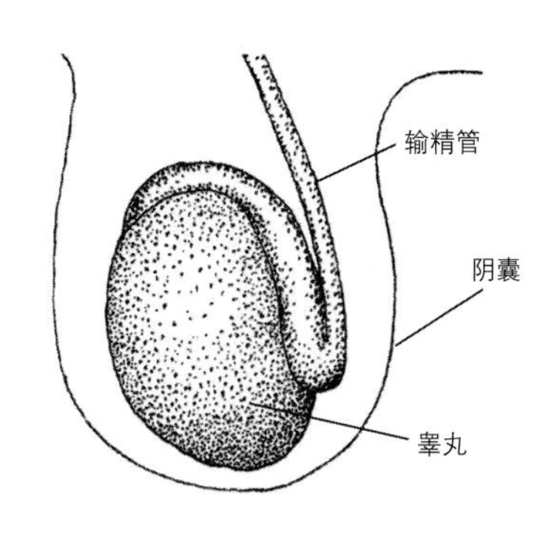

每个睾丸都很小，呈椭圆形。成对的睾丸位于阴囊中。输精管将精子从每个睾丸运走。

膈

Diaphragm

膈是呼吸过程中主要使用的肌肉。位于肺和胃之间，附着于下方的肋骨。

当一个人吸气时，膈向下移动。这使得胸部的空间更大，有助于身体从外部吸入空气。空气通过鼻子和嘴，沿着气管进入肺部。

当一个人呼气时，膈向上移动。这使胸部的空间变小，肺也变小了，从而使空气从肺部流出，通过鼻子和嘴呼出。

膈可自主运动，人不用主动调控膈来呼吸。

延伸阅读： 肺；肌肉；呼吸；肋骨；胃；气管。

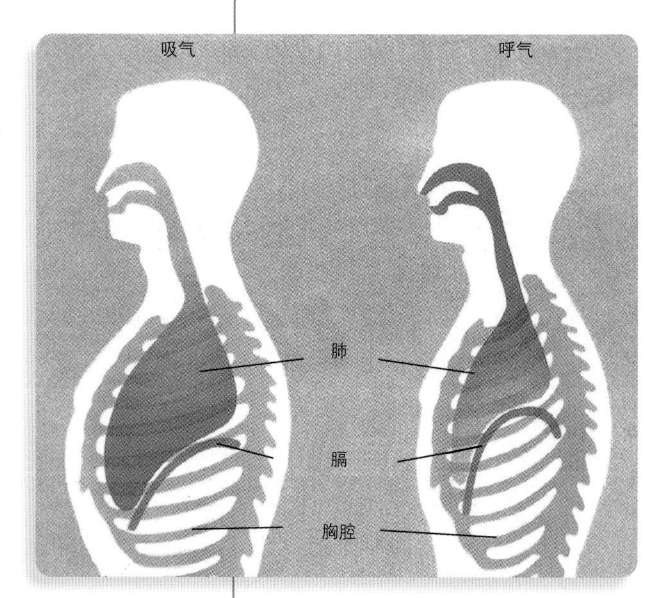

当一个人吸气时，膈下降，胸腔上升，肺部扩张。当一个人呼气时，膈放松，胸腔降低，使肺部气体呼出。

跟腱

Achilles tendon

跟腱是脚踝后部一根结实的肌腱。它连接小腿肌肉和足跟骨，是身体中最强壮的肌腱之一。跟腱的英文名取自希腊英雄阿喀琉斯的传说，他因被箭射中脚跟而亡。

跑步可能导致跟腱断裂，双脚剧烈的向上运动和小腿损伤也可能导致跟腱断裂。这种损伤大多发生在30岁以上的人群中。跟腱断裂通常常伴有噼啪声，伤者会感受到剧烈的疼痛，他们无法依靠双脚行走或站立。这时应尽快用冰块敷在脚踝后部，把腿抬高并固定。可能需要手术将断裂的跟腱缝合在一起。跟腱断裂的伤需要休息两个月。之后，伤者可逐步进行拉伸和强化训练。完全恢复健康可能需要一年或更长的时间。

延伸阅读： 脚踝；脚；腿；疼痛；肌腱。

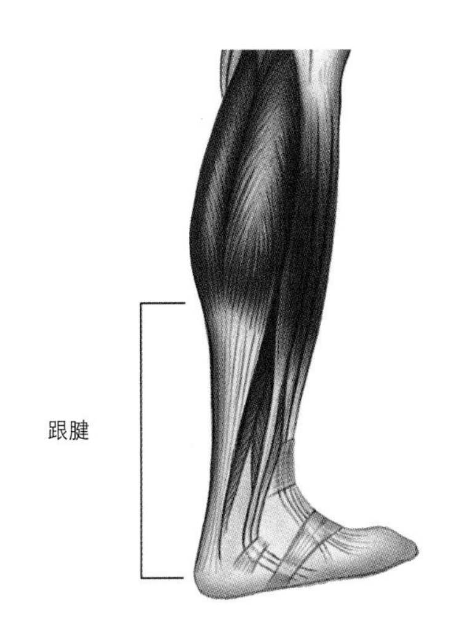

跟腱是位于脚踝后部的结实的连接组织。

公共卫生

Public health

公共卫生关系到社区全体居民的健康，公共卫生工作者和官员的职责是预防和治疗疾病，他们努力让每一个人都尽可能保持健康。

许多国家都有公共卫生中心，这些中心的工作有所不同，主要取决于国家技术水平、环境以及卫生问题。也有许多其他组织努力解决世界各地的公共卫生问题。

在美国，国家、州及市政府都会参与公共卫生项目，联邦政府管理的公共卫生服务局，隶属于卫生与公众服务部。

公共卫生中心做了许多工作来保障公众健康。例如，他们确保饮用水是干净的，确保垃圾正确分类以及下水道正常运转。许多医院都提供特殊服务来协助公共卫生工作。

延伸阅读： 疾病；健康；免疫接种；医学。

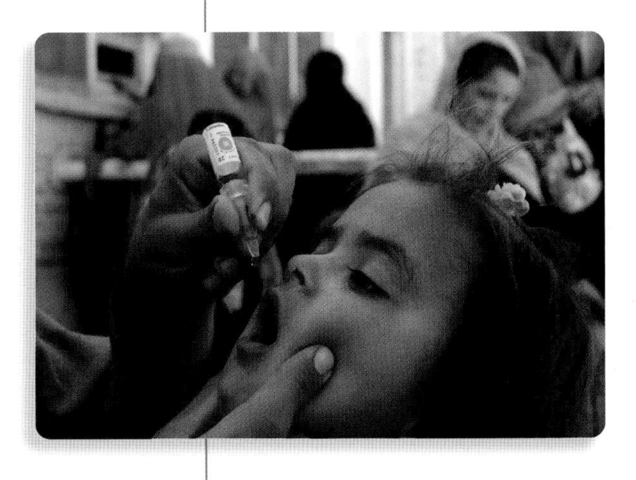

巴基斯坦一名公共卫生工作者在给一名儿童服用口服疫苗，来预防脊髓灰质炎。疾病预防用疫苗是最重要的公共卫生服务之一。

攻击性行为

Aggression

攻击性行为是指意图伤害他人的行为。有攻击性的人可能会说伤人的话，还可能会对其他人或物体进行攻击。其他的攻击性行为包括散布谣言和偷窃等。有很多原因会使人变得有攻击性。例如，当处于痛苦或在危险情况下，他们可能具有攻击性；在其他情况下，人们为了得到他们想要的东西或控制他人，也会变得具有攻击性。

一些攻击性行为可能是出生时从父母那里遗传下来或由身体状况引起的，另一些攻击性行为可能是在儿童时期习得。在人群中或者特定人群周围时，一个人可能变得更具有攻击性。

攻击性行为往往与情绪有关。例如，人在生气或害怕时会表现出攻击性。一些科学家认为人们会从家庭争吵、暴力电视节目和电子游戏中学习到攻击性行为。那些通过攻击性行为获得他们想要的东西的人，也可能会变得更具攻击性。

延伸阅读： 行为；情绪。

佝偻病

Rickets

佝偻病是一种骨病，多发于儿童。患佝偻病的孩子骨头很软，不会直着生长而是变得弯曲，骨头上还可能会长出肿块。

儿童可能会因为缺乏某些营养物质而患上佝偻病，主要是钙和维生素 D。人们可以从牛奶和绿色蔬菜中获取钙，从牛奶、阳光和鱼肉中获取维生素 D。

患佝偻病的孩子往往会感到虚弱、骨头疼痛，有时觉得全身疼痛。医生通常用维生素 D 和钙来治疗患儿。

延伸阅读： 骨；儿童；疾病；营养物质；维生素。

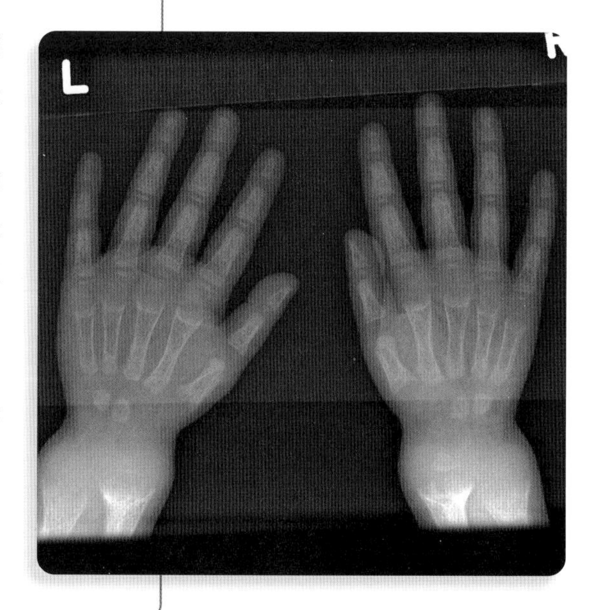

X 射线图像显示，患有佝偻病的人手部和腕部的骨头变厚变软。

姑息治疗

Palliative care

姑息治疗是对不治之症患者提供的医疗护理。目的是使患者得到舒适和平静的临终状态。在姑息治疗中，护理人员会尝试缓解疾病的症状，尤其是疼痛。他们还提供心理、社会和精神上的支持。

在姑息治疗中，死亡也被认为是生命的一部分。一旦医生知道患者将会死亡，他们就会停止尝试治愈这种疾病。他们试图确保患者感到舒适并准备好平静地死去。

家庭成员通常能够在家中帮助照顾病人。这让患者去世前有家人和亲人的陪伴，而不是在医院中去世。

延伸阅读： 死亡；疼痛。

古人类

Hominin

古人类是包括人类和人类祖先在内的科（生物的一种分类单位）中的一个成员。它曾经被称为“原始人”。

古人类的祖先依靠四肢行走，而古人类则利用双腿直立行走，这需要身体的改变，尤其是臀、腿部的骨头和肌肉。这些改变有助于科学家将古人类化石进行分类。化石是很久以前的生物保存下来的遗骸。

科学家已经发现了700万～600万年前古人类的头盖骨。

延伸阅读： 人类学；史前人类。

马德里国家考古博物馆中的一块古人类化石。这块头盖骨具有猿类和人类的混合特征。

股骨

Femur

股骨是大腿内的骨头，大腿在膝盖和臀部之间。股骨是身体中最长、最结实的骨头。

股骨上端是球形的，与髋骨的髋臼构成髋关节。股骨下端则与胫骨上端和髌骨构成膝关节，膝关节前方是髌骨，或称膝盖骨。在膝关节下方则是胫骨，即小腿内的骨头。

股骨上附有几块大肌肉，这些肌肉有助于股骨和腿的其余部分的运动，这使得人们可以行走、奔跑、踢腿和攀登。

延伸阅读： 骨；臀部；膝盖；腿；骨骼。

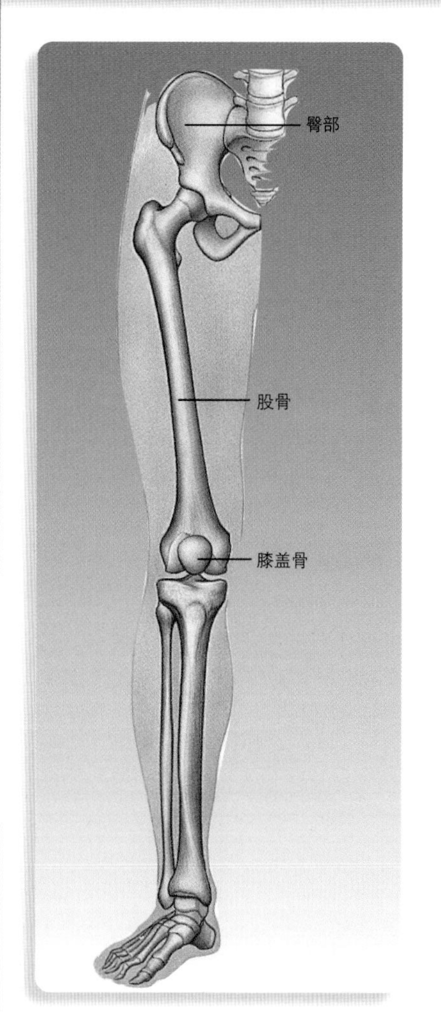

股骨是大腿内的骨头，大腿在膝盖和臀部之间。

骨

Bone

骨是人类和许多其他动物体内的坚硬物质。骨构成骨架，有助于保持身形。与肌肉相连的骨协助身体运动。骨还可以保护柔软的身体部位，比如心脏和脑部。

骨主要由矿物质构成，其中最重要的矿物质是钙。钙来源于牛奶和绿色蔬菜等食物。儿童骨骼生长需要摄入大量的钙。

当人们成年后，他们的骨头就会停止生长，但是随着年龄增大骨头会磨损。因此，成年人仍然需要摄入钙和其他矿物质以制造新的骨头。

有些骨头是中空的，其内部空腔充满了骨髓组织。骨髓制造血细胞——血液中的微小细胞。

骨头有时会断裂，称为骨折。骨折需要医生治疗。这个过程包括将骨头重新接在一起，用石膏固定直至骨折愈合。骨折通常需要几周或几个月的时间才能恢复。

人们也会患骨骼疾病。老年人有时会患骨质疏松症。患有这种疾病的人的骨头中没有足够的矿物质，因此很容易骨折，他们经常因为跌倒而骨折。

人体中最小的骨头是镫骨。每只耳朵里都有一块镫骨，每块长约 0.25 厘米。最长的骨头是大腿的股骨，可长达 50 厘米。

延伸阅读： 关节炎；钙；骨折；关节；韧带。

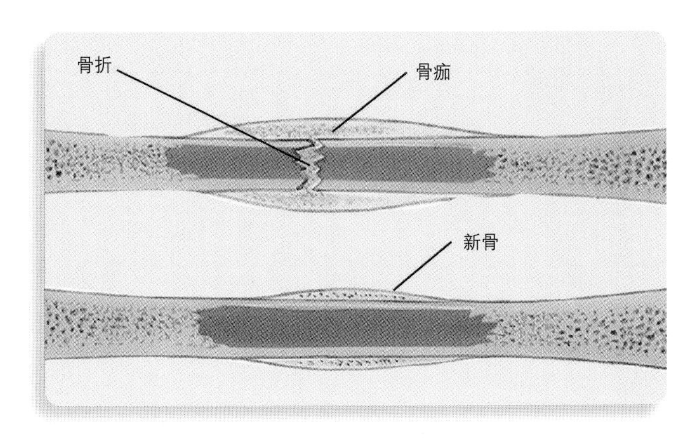

骨折通过形成大量称为骨痂的新组织来愈合。愈合过程可能需要四周到一年。

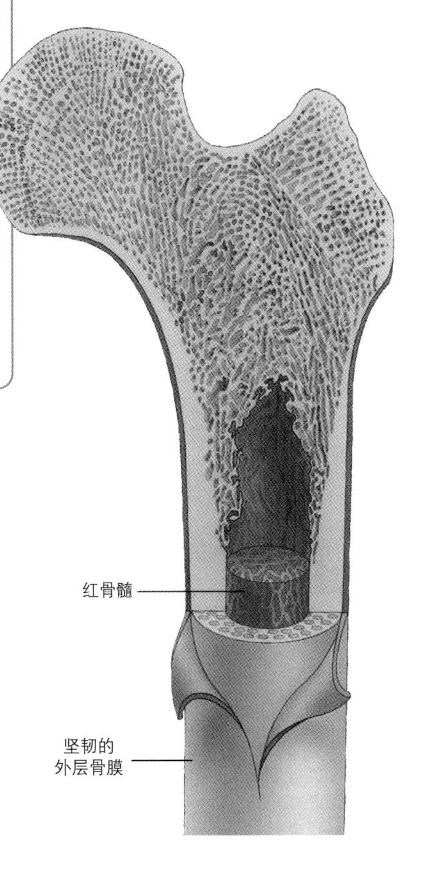

中空的骨头里充满了骨髓组织。红骨髓有助于身体制造血液。

骨骼

Skeleton

骨骼是身体的框架。在脊椎动物中，骨骼由身体内的所有骨头组成。

骨骼有若干功能。它赋予身体形状；它能保护器官，如心脏和肺；它与肌肉一起使身体运动。骨骼含有制造血细胞的骨髓，还储存着人体所需的钙和磷等化学元素。

人体骨骼有 206 块骨头。这些骨头由韧带固定在一起。骨头通过关节与其他骨头相连，有些关节能活动，有些则不能。例如，手臂和腿部的关节可以活动，但是头骨的关节——除了颌骨——都不能活动。

不同种类脊椎动物的骨骼有很多共同点。例如，长颈鹿脖子上的骨头和老鼠脖子上的一样多，但是长颈鹿的颈骨较长、较大。

许多无脊椎动物都有一种叫作外骨骼的骨骼。外骨骼是一种坚硬的外部覆盖物，可以支撑和保护身体内部的柔软部分。

延伸阅读： 脚踝；手臂；骨；软骨；锁骨；手指；脚；手；人体；膝盖；腿；韧带；肌肉；骨盆；肋骨；肩；头骨；脊柱；肌腱；手腕。

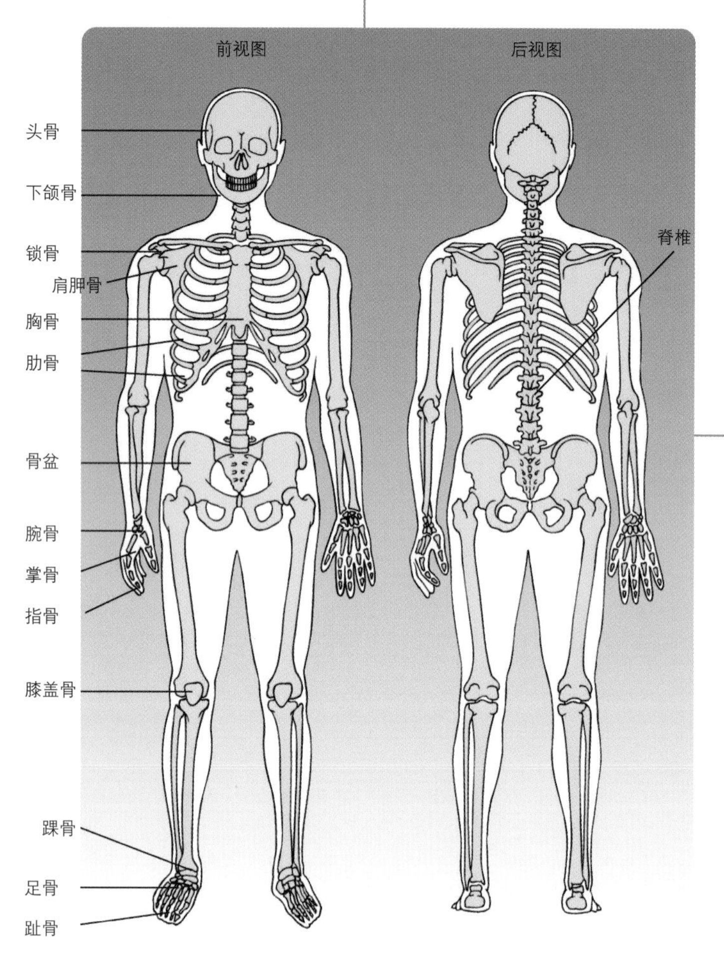

骨骼是支撑身体、保护内脏的坚固、灵活的框架。它还和肌肉一起使身体运动。人体骨骼由206块骨头组成，其中一些在成年后闭合（连接）。

骨科

Orthopedics

骨科是医学的一个分支，主要处理骨骼、肌肉以及连接它们的其他身体部位的问题。

骨科医生帮助所有年龄段的人，从婴儿到老年人。他们能治疗由于意外事故而产生的损伤，例如骨折和肌肉撕裂。他们还可以治疗人们出生时的先天畸形，例如腿部、手臂或背部的形状问题。

骨科医生在手术室中检查X光片。

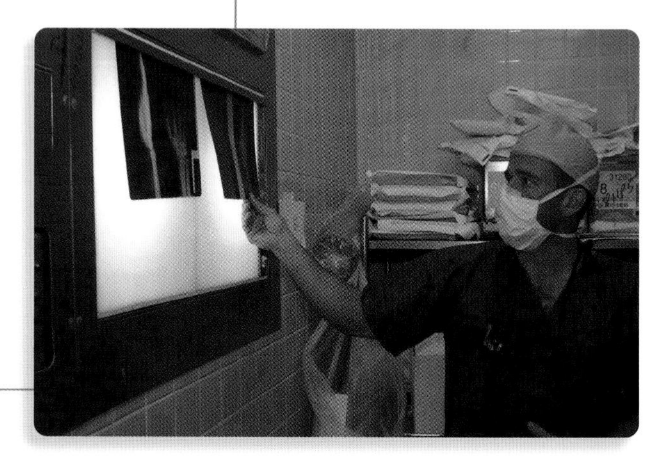

骨科医生可以用药物或物理疗法进行治疗，也可能会进行手术。有时，骨科医生用塑料、金属或其他材料制成的新的人工部件替换磨损的身体部位，例如髋部和膝盖。

延伸阅读： 骨；运动；骨折；关节；医学；肌肉；物理疗法。

骨科医学

Osteopathic medicine

骨科医学是一种医疗保健体系，其理论基础是认为身体某些部位的疾病会影响身体的其他部位。骨科医学关注身体的肌肉和骨骼系统及其连接的肌腱和韧带。骨科医生认为必须把人当作一个整体来对疾病进行治疗。

骨科医生认为肌肉和骨骼系统与其他身体系统有着十分重要的联系。肌肉骨骼系统可能受到许多内部疾病的影响。肌肉和骨骼的状况也可能会加重其他身体系统的疾病，如循环系统和神经系统。

要成为骨科医生，必须在正规的骨科医学院完成若干年的培训，在毕业后获得骨科学博士学位。

延伸阅读： 骨；整体医学；医学；肌肉。

骨盆

Pelvis

骨盆是构成臀部的一组骨头。骨盆有两块髋骨，它们前端连接在一起，在后面与骶骨连接。膀胱和大肠的一部分位于骨盆内部。

每块髋骨由三块共同生长的骨头组成。你可以在臀部感受到的宽而扁平的骨头称为髂骨，坐骨是当你坐在硬椅上时感觉到的骨头，耻骨在前端形成两个弓形。它们在中间连接在一起。

延伸阅读： 膀胱；骨；臀部；肠；盆腔炎；骨骼。

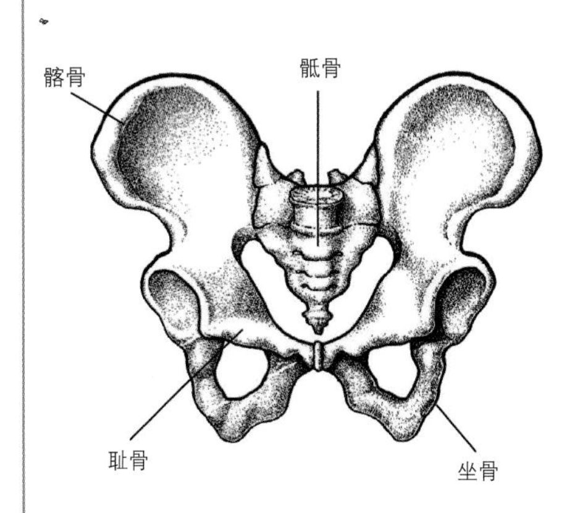

骨盆的骨头形成一个浅盘状的结构。当你把手放在臀部时，你能感觉到髂骨。

骨折

Fracture

骨折是指骨头的断裂。可分为不同的类型：在闭合性骨折（也称单纯性骨折）中，骨头仍在皮肤内；而开放性或复合性骨折则是指断骨穿透皮肤的骨折；在多发性骨折中，骨头多处受到损伤；而在粉碎性骨折中，部分骨头碎裂成多块。

可能骨折的人应当避免移动伤骨并前往医院就诊。医生会对受伤处进行 X 线摄片，这可以让医生看到病人体内，判断是否存在骨折。医生通常会在骨折部位打上石膏固定，这可以让骨头在骨折愈合期间保持在原位。

延伸阅读： 骨。

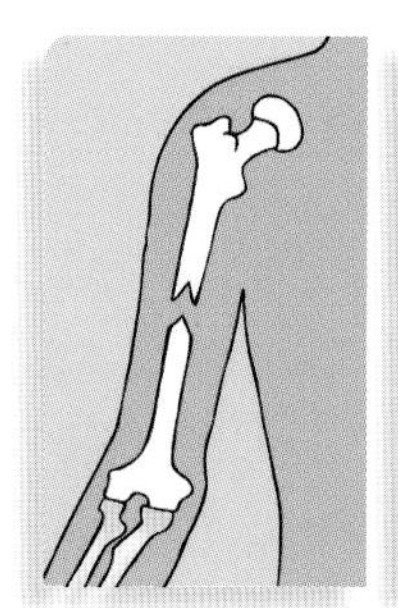

闭合性骨折

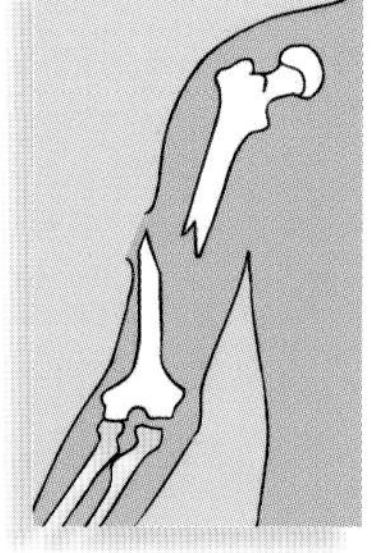

开放性骨折

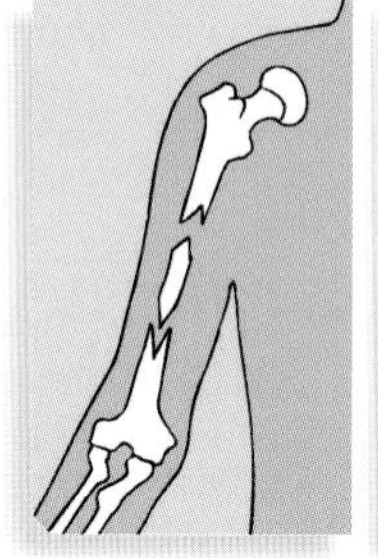

多发性骨折

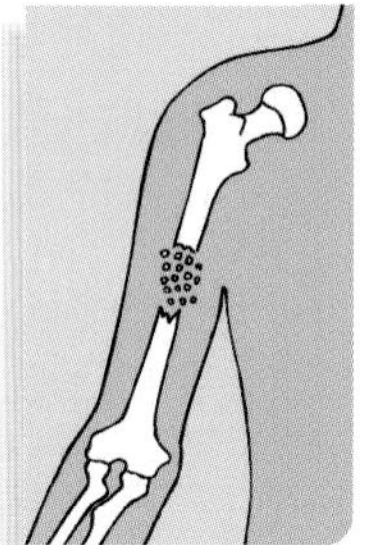

粉碎性骨折

骨折的一些常见类型

骨质疏松症

Osteoporosis

骨质疏松症是骨骼变得脆弱的一种疾病。患有骨质疏松症的人更容易骨折，特别是在他们的手腕、脊柱和臀部。不会伤害到正常人骨骼的轻微跌倒或损伤都可能使他们骨折。骨质疏松症是老年人疼痛和残疾的主要原因。

当某些骨细胞衰老并被身体清除的速度比新生骨形成更快时，骨质疏松症就可能发生，从而导致骨密度逐渐降低，骨骼也越来越脆弱。

某些矿物质和维生素，尤其是钙和维生素 D，对骨骼健康很重要。经常锻炼也有助于保持骨骼强壮。科学家还研发了有助于保护骨骼和治疗骨质疏松症的药物。

延伸阅读： 关节炎；骨；钙；疾病；矿物质；维生素。

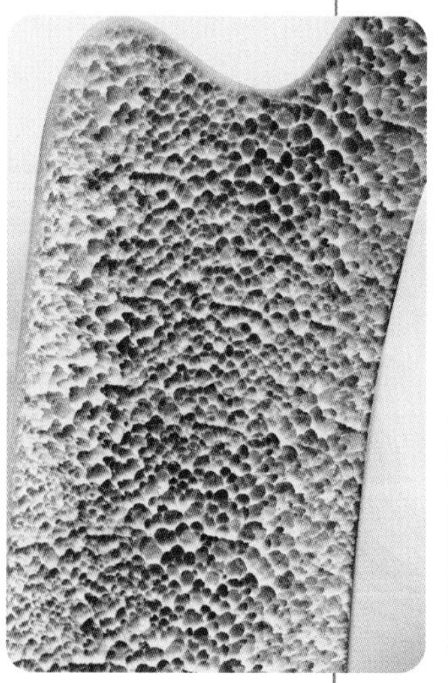

骨质疏松症是骨骼变得脆弱的一种疾病。健康的骨骼（左图）具有蜂窝状的微观结构，光滑而致密。受骨质疏松症影响的骨骼（右图）因骨组织损失而衰弱，留下凹坑。

关节

Joint

关节是两块或两块以上骨之间的间接连结装置。可以是固定或活动的。

固定关节不能活动，颅骨各骨之间的关节就是固定关节。

活动关节有三种。铰链关节允许向前或向后移动，就像门上的铰链一样，膝关节和指关节为铰链关节。枢轴关节产生旋转运动，肘关节是枢轴关节，可以让手从一侧转动到另一侧。球窝关节允许最大幅度的运动，肩关节是球窝关节，它可以让手臂摆动和旋转，髋关节也是球窝关节。

延伸阅读： 脚踝；骨；软骨；肘；手指；臀部；膝盖；肩；骨骼；头骨；手腕。

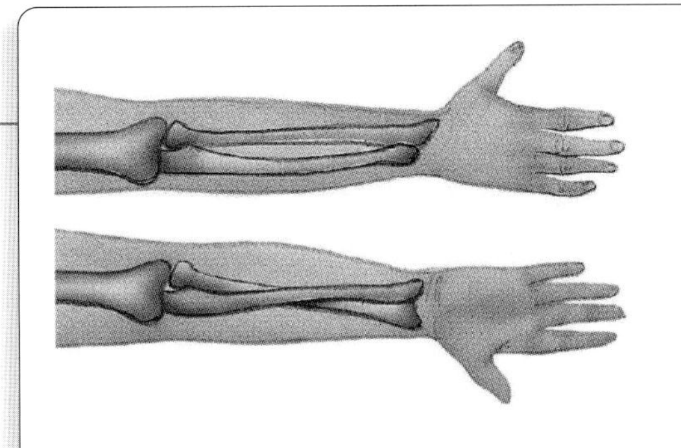

枢轴关节，如肘关节，可做旋转运动。

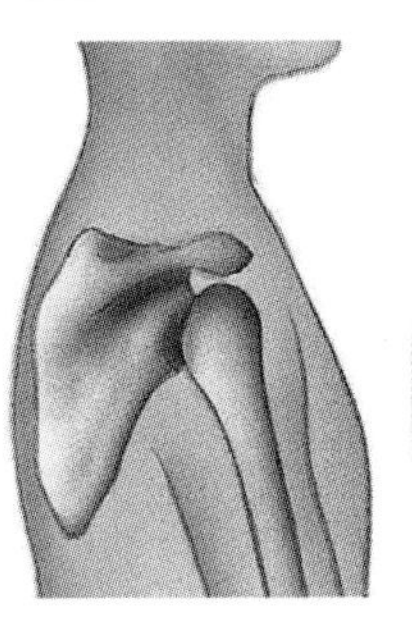
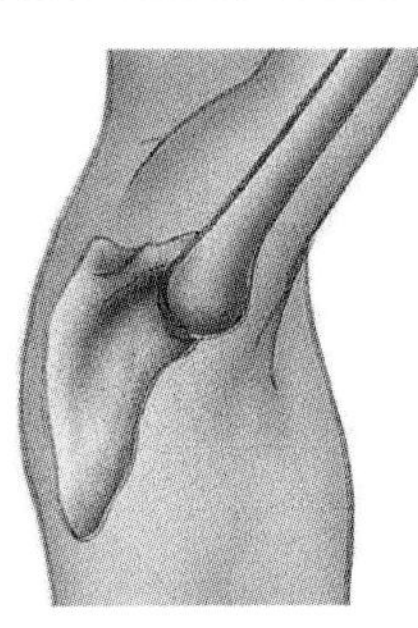

球窝关节，如肩关节，可做摆动和旋转运动。

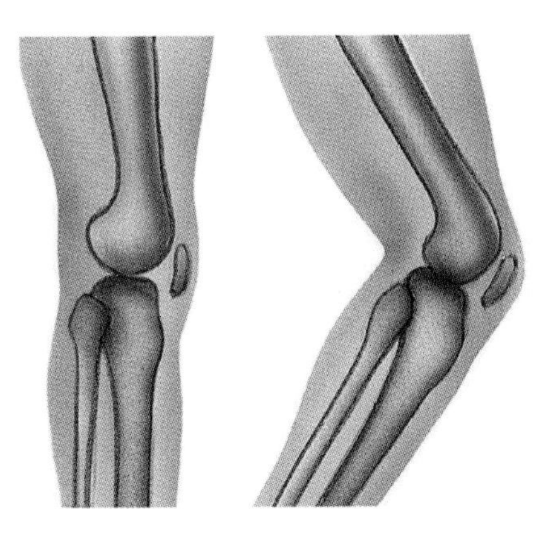

铰链关节，如膝关节，允许向后或向前移动。

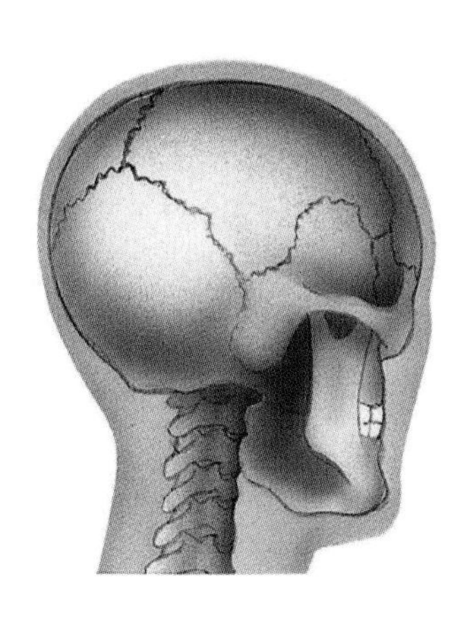

固定关节，如颅骨各骨之间的关节，无法移动。

关节炎

Arthritis

关节炎是一种引起关节疼痛、僵硬和肿胀的疾病。关节炎有100多种不同的类型，主要类型为骨关节炎和类风湿性关节炎。

骨关节炎是最常见的一种关节炎，当关节磨损时发生。随着年龄的增长，许多人患上了骨关节炎。关节损伤也可引起骨关节炎。

类风湿性关节炎可见于任何年龄的人，甚至是儿童。类风湿性关节炎表现为关节发热、疼痛、红肿。多发于手腕和指关节，也可扩散到身体的其他部位。

医生通过给病人服用消肿止痛的药物来治疗关节炎，也可通过手术来修复或更换受损的关节。

延伸阅读： 骨；软骨；疾病；炎症；关节；疼痛。

骨关节炎患者的关节中，软骨破裂，骨头相互摩擦。骨头碎片和硬化软骨可能会在关节处脱落，引起肿胀和疼痛。

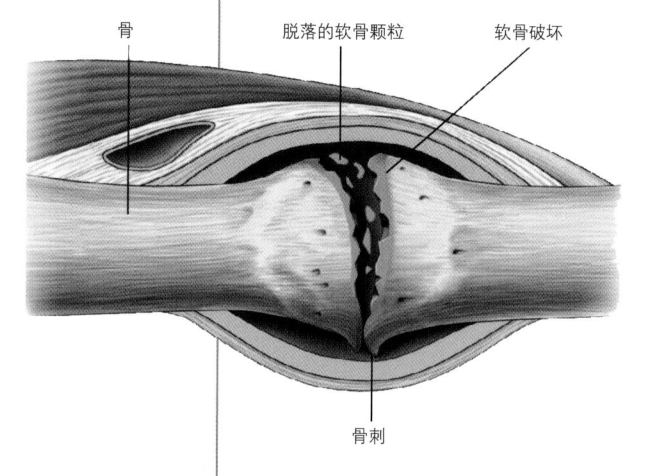

过敏

Allergy

过敏是身体对某些物质的一种反应。这种反应可能是由接触、进食或吸入某些东西引起的，人可能会发痒、打喷嚏、恶心或呼吸困难。这就叫作对某物过敏。引起过敏的物质叫作过敏原。

过敏原可以导致过敏者体内产生抗体。过敏原和抗体都会导致人体细胞释放某些物质，如果血液中含有大量此类物质，那么这个人可能会有过敏反应。

过敏会以不同的方式使人感到不适。一种常见的过敏是花粉症，花粉症患者对植物花粉过敏。花粉飘浮在空气中，当人吸入花粉时，他们可能会流鼻涕并且频繁地打喷嚏。

过敏原（引起过敏的物质）包括（从顶部顺时针方向）：宠物皮屑；羽毛；昆虫叮咬或蜇伤；花粉；牛奶、鸡蛋、草莓和贝壳类等食物；酒精饮料；药物；化妆品；肥皂和洗发水；空气污染物；衣物纤维。

有些人对某些食物过敏。食用这些食物可能会让他们患荨麻疹，也可能会感到胃部不适或呼吸困难。食物过敏有很多种。有些食物过敏的人在食用含有牛奶的食物后会发病；另一些人则对鸡蛋、小麦、花生或海鲜过敏。

许多人对猫狗的毛发和细小皮屑过敏，另外一些人对室内灰尘和霉菌过敏。室内灰尘中含有一种叫作尘螨的微小虫状动物，尘螨的粪便会引起人的过敏反应。霉菌可能会在木材等已经腐烂或潮湿的材料上生长。

过敏症专科医生可以治疗过敏症患者。首先，医生通过测试找出导致过敏的原因。医生会把可能引起过敏的物质粘在皮肤下面，然后观察会发生什么。如果皮肤上出现一个小的红色肿块，那就意味着这个人对这种物质过敏，医生就可以给这个人开药以帮助他缓解症状。

延伸阅读： 抗体；抗原；抗组胺剂；荨麻疹；免疫系统。

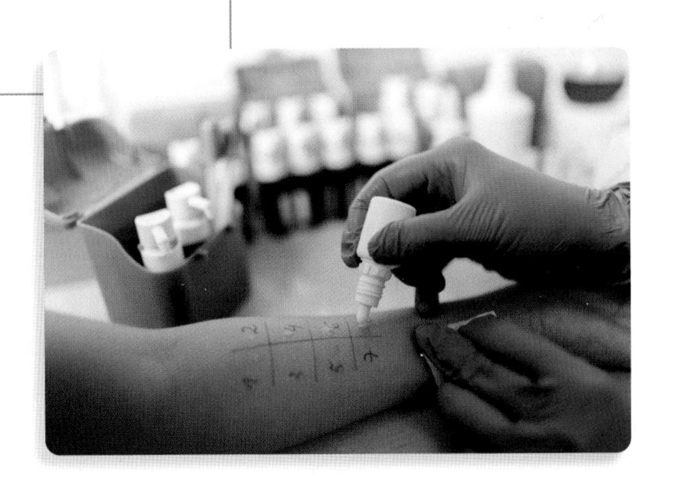

医生用各种过敏原点刺皮肤来测试过敏。皮肤出现红肿块表示对该种物质过敏。

哈维

Harvey, William

威廉·哈维（1578—1657）是一位英国医生，他发现了哺乳动物（包括人类）体内的血液循环现象。1628 年，他将自己的发现撰写成书并出版。随后，科学家利用这本书进行心脏和血管方面的研究。

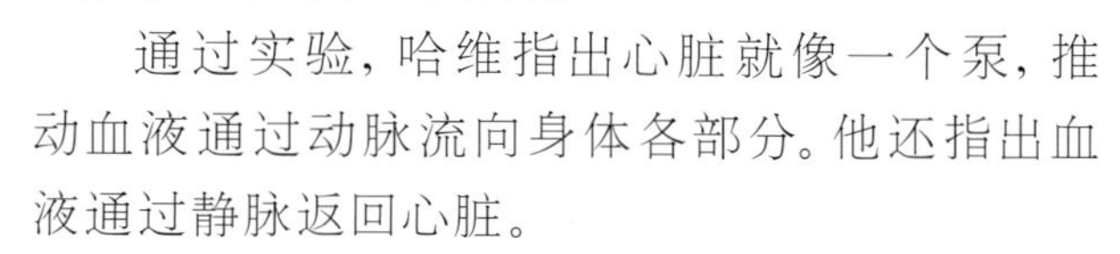

通过实验，哈维指出心脏就像一个泵，推动血液通过动脉流向身体各部分。他还指出血液通过静脉返回心脏。

1651 年，哈维出版了另一本书，科学家将此书作为现代胚胎学的基础。胚胎学是研究动物发育的学科。

延伸阅读： 血液；循环系统；心脏。

在这幅图中，哈维（中）向查理一世阐述他的血液循环理论。

汗液

Perspiration

汗液也叫汗水，是从皮肤中流出的液体。是水与其他物质的混合物。人们在炎热或紧张时会出汗，运动时也会出汗。

汗液是由皮肤内的长而卷曲的汗腺产生的。人体表面有超过 200 万个汗腺。身体的某些部位可能比其他部位有更多更大的汗腺，如腋窝、手掌和脚底。这些部位通常比其他部位出汗更多。汗液通过汗腺到达皮肤表面，再通过毛孔从皮肤中流出来。

出汗是身体降温的重要方式。当汗液蒸发时，它会从皮肤上带走热量。

延伸阅读： 运动；腺体；毛孔；皮肤。

在剧烈的运动中，汗液有助于身体降温。当人们紧张时，也会出汗。

航空航天医学

Aerospace medicine

航空航天医学是研究和治疗飞行引起的健康问题的医学学科。航空航天医学领域的医生和科学家关注飞行员、机组人员和乘客的健康。他们会为飞行员设计飞行时使用的设备；会治疗乘客和机组人员的晕动病；会教飞行员如何在飞机坠毁中逃生或者如何使用飞机帮助运送伤病人员。

航空航天医学包括航天医学。航天医学是一门研究宇航员和其他在太空工作的人的健康问题的学科。在太空中，宇航员往往处于失重状态，感觉不到重力。失重可能会导致很多健康问题，比如晕动病。宇航员也可能失去方向感。在太空工作数周或数月的人，脚部和腿部会出现骨质疏松和肌肉萎缩。太空飞行的另一个威胁来源于太阳和太空中其他物体的辐射。医生在尝试找寻方法以减少太空飞行期间此类健康问题的发生。

延伸阅读： 健康；医学；晕动病。

接受过航空航天医学训练的医生帮助一名完成太空任务返航的宇航员适应地心引力。

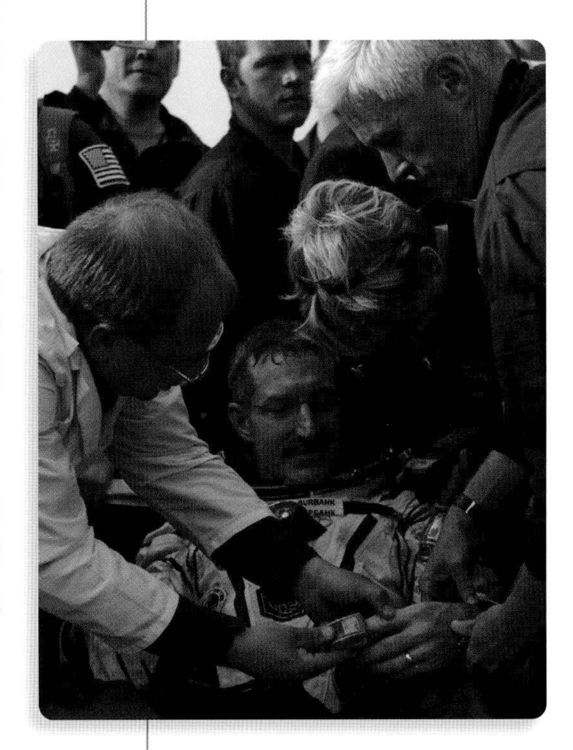

核糖核酸

RNA

核糖核酸的英语缩写为RNA(ribonucleic acid),是存在于生物体内的一种复杂分子。在活细胞中起着重要的作用。RNA 有助于产生蛋白质，活细胞需要利用蛋白质来构建细胞并发挥功能。

RNA 与 DNA（脱氧核糖核酸，细胞中另一种重要的分子）的结构相似，两种分子都包含数百个微小的化学单元，这些单元的排序可以作为一种编码，携带着产生蛋白质的指令。

在细胞中，不同种类的 RNA 发挥着不同的功能。信使 RNA 复制 DNA 的指令来产生蛋白质，其他种类的 RNA 则加速细胞中的化学反应。

延伸阅读： 细胞；脱氧核糖核酸；蛋白质。

核糖体

Ribosome

核糖体是活细胞中的一种结构。核糖体构成蛋白质，细胞主要由蛋白质构成，因此，核糖体是细胞的重要组成部分。各类生物的细胞中都有核糖体，一个细胞可以有几千到几百万个核糖体。

植物和动物细胞中的细胞核包含了构建每个蛋白质的化学“指令”，细胞核将这些指令复制成一种名为信使 RNA 的化学物质，RNA 又叫核糖核酸。

蛋白质是由长链氨基酸构成的，氨基酸必须按照特定的顺序排列，信使 RNA 提供了构建特定蛋白质的氨基酸所需的特定顺序。信使 RNA 离开细胞核，进入核糖体，核糖体利用信使 RNA 作为构建蛋白质的蓝图。

延伸阅读： 氨基酸；细胞；细胞核；蛋白质；核糖核酸。

黑色素

Melanin

黑色素是体内的一种棕黑色色素。黑色素给皮肤、头发和眼睛带来颜色。深色皮肤的人皮肤中的黑色素比浅色皮肤的人多。雀斑也是由黑色素引起的。随着年龄的增长，多数人的头发会变成灰色或白色，发生这种情况是因为头发中不再形成黑色素。

强烈的阳光使皮肤产生更多的黑色素。黑色素有助于保护皮肤免受阳光的伤害。

有些人是没有黑色素的，这种情况叫作白化病。白化病患者皮肤呈乳白色，头发呈白色，眼睛呈蓝色或粉红色。

延伸阅读： 白化病；雀斑；痣；皮肤；晒伤。

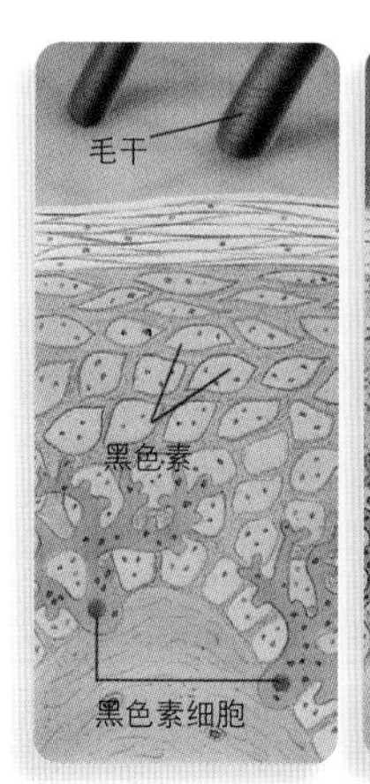

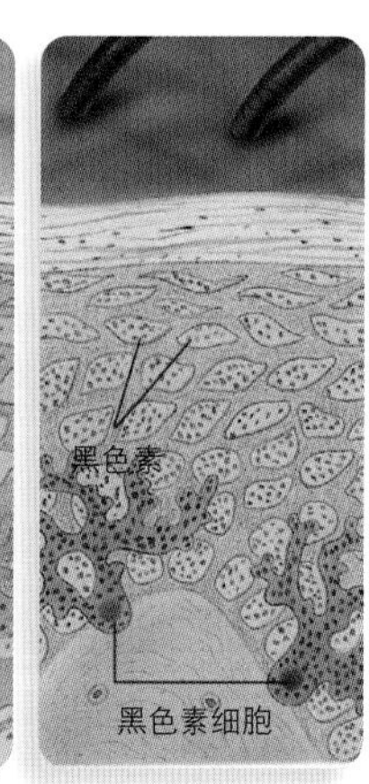

肤色主要取决于黑色素。在浅色皮肤中（左图），黑色素细胞几乎不产生黑色素。在深色皮肤中（右图），它们会产生更多的黑色素。

红细胞

Red blood cell

红细胞也叫红血球，是血细胞的一种。血液中因为存在红细胞所以呈现红色。红细胞可以将氧气输送到体内其他细胞，也将废物带离细胞。

大多数红细胞呈扁圆形，就像没有洞的甜甜圈。血液中到处都是红细胞，它们悬浮在血浆中。

每天都会有许多血细胞衰竭并死亡，但身体会不断制造出新的血细胞，新的血细胞是由骨骼中的骨髓不断制造出来的。

延伸阅读： 血液；骨；循环系统；血红蛋白；血浆；白细胞。

红细胞的形状有点像甜甜圈

虹膜

Iris

虹膜是人眼的有色部分，位于角膜和晶状体之间。虹膜的颜色来自黑色素。棕色眼睛的人比蓝色眼睛的人有更多的黑色素。棕色眼睛中黑色素也更接近虹膜表面。

虹膜中的两块肌肉控制瞳孔的大小，瞳孔是虹膜中心的黑色圆孔。瞳孔开大肌使瞳孔变大，这使得更多光线进入眼睛。瞳孔括约肌使瞳孔变小，这样可防止过多的光线进入眼睛。

延伸阅读： 角膜；眼睛；黑色素。

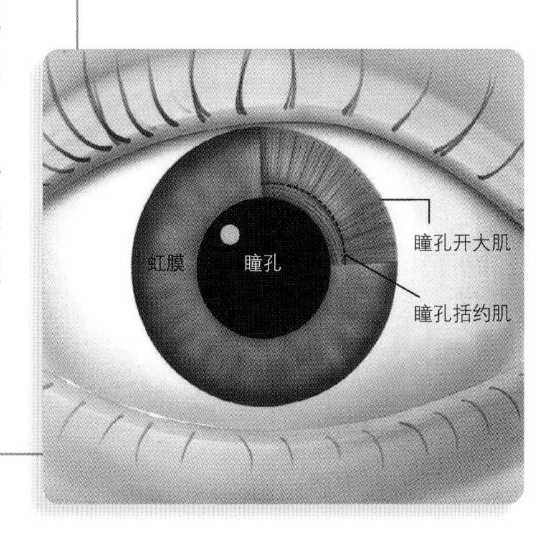

虹膜中心有一个圆孔，称为瞳孔，它能使光线进入眼睛。在昏暗的光线下，瞳孔开大肌扩大瞳孔。在明亮的光线下，瞳孔括约肌收缩，使瞳孔变小。

喉

Larynx

喉是咽喉的一部分。它包含声带，是重要的发音器官。喉上通咽，下接气管。每次呼吸都经过喉部。

喉形似盒子，是由软骨组成的。

喉内有一间隙叫声门。声带位于声门两侧，是两层有弹性的组织。肌肉可以伸展声带或将它们拉近。当声带靠在一起时，它们之间的空气会发出声音。

延伸阅读： 软骨；气管；声带。

喉由软骨组成。甲状软骨形成喉的大部分前壁和侧壁。

呼吸

Respiration

呼吸是人类和其他生物获取和利用生存所必需的氧气的方式。氧气是空气中的气体，也存在于湖泊、海洋和其他水体中。

当你吸气时，胸部肌肉会使肺部扩张，使空气从鼻子和嘴巴进入肺部，空气中的部分氧气进入肺部的微小管道，当血液流经这些管道时，会将氧气从肺部输送到身体各个部位，以供构成身体各部位的细胞利用，从而为生存提供能量。

当细胞利用能量时，会产生二氧化碳。二氧化碳是呼吸产生的废物，不被身体所需要，所以它离开细胞进入血液，被血液输送到肺部，当你呼气时，胸部肌肉使肺收缩，使得肺将二氧化碳排出体外。

有些动物不用肺呼吸，比如鱼和贝类利用鳃来呼吸，它们的鳃可以从水中摄取氧气；昆虫则通过微小管道来呼吸，这些管道将空气带入它们体内；许多植物通过气孔进行呼吸。

延伸阅读： 哮喘；二氧化碳；一氧化碳；咳嗽；膈；肺气肿；肺；口腔；鼻；肺炎；非典型肺炎；打喷嚏。

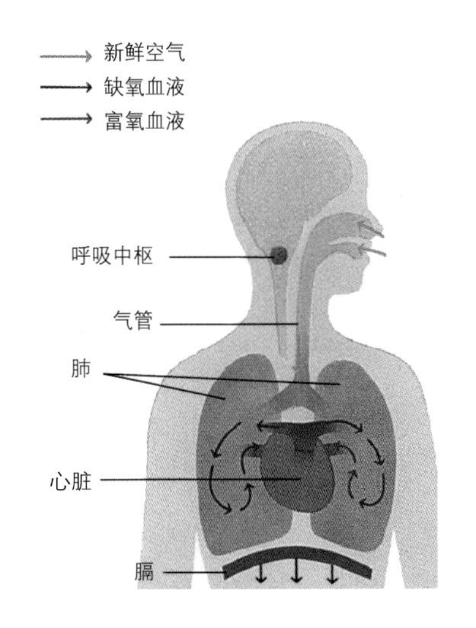

吸气——将空气吸入肺中的动作——发生在特定肌肉收缩时。膈是胸腹之间的一块肌肉，它收缩会使肺部扩张，从而从大气中吸入空气。

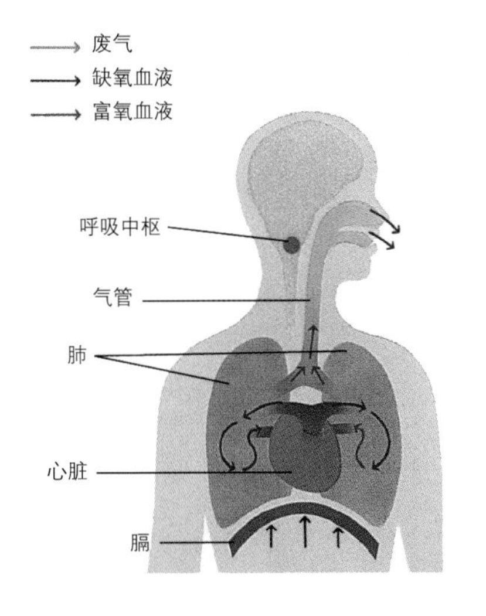

呼气——从肺部排出气体的动作——发生在同样的特定肌肉舒张时。舒张可以消除扩张肺部的力量，从而导致肺部收缩，这种收缩作用迫使气体从肺部进入大气。

人类和许多其他动物都利用肺来进行呼吸，人体从空气中吸收氧气并向大气中呼出二氧化碳，这一过程由大脑的呼吸中枢所控制。

护理人员

Paramedic

护理人员是受过训练的医务工作者，在某些情况下能代替医生。

有各种各样的护理人员，其中最著名的是急救医疗技术人员。他们能够帮助那些发生意外或突发重病的人。

大多数急救医疗技术人员都使用救护车，救护车中有多种药物和特殊医疗设备。急救医疗技术人员使用双向无线电与医院的医生交流，医生指导急救医疗技术人员在将患者送往医院之前对患者进行治疗。

想要成为护理人员的人要经过医院或大学的培训。他们每年还要接受更多培训以学习最新的急救方法。

延伸阅读： 急救；医学；医生。

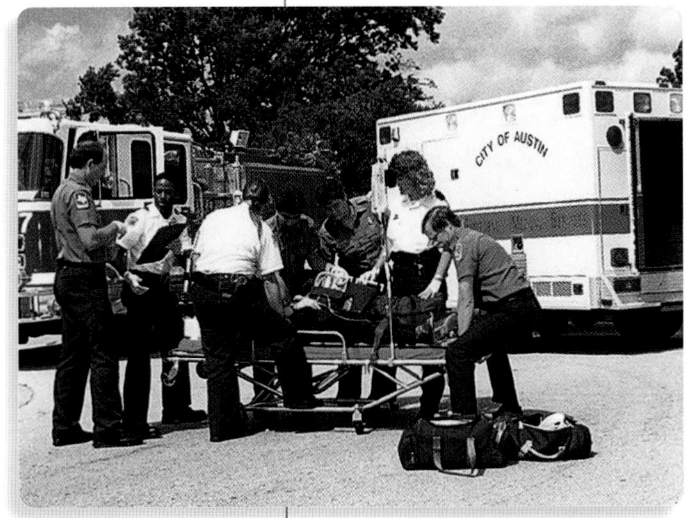

消防部门护理人员在救治需要紧急医疗护理的人。护理人员经常用救护车将病人紧急送往医院。

化学治疗

Chemotherapy

化学治疗也叫化疗，是一种用化学药物治疗特定疾病的方法，常用于治疗癌症和某些传染病。

当一个人体内的细胞分裂得太快时，就会患上癌症，这些细胞聚集在一起形成肿瘤。而传染病是由细菌、病毒等病原微生物引起的。化学治疗所用的药物可以攻击肿瘤和病原微生物。

医生在使用化学治疗时必须十分小心。因为破坏癌细胞和病原微生物的药物有时也会对健康细胞产生损害。化学治疗可以使人疲惫无力、恶心或者掉发。医生一直在寻找不会引起这些副作用的更好的药物。

延伸阅读： 癌症；药物；病原微生物；肿瘤。

化学治疗被用来治疗癌症和某些传染病。

怀孕

Pregnancy

怀孕是指女性孕育胎儿的阶段，人类胎儿需要在母亲体内的子宫里生长9个月。

当精子（雄性生殖细胞）与卵子（雌性生殖细胞）在女性体内结合时，怀孕就开始了。这两个细胞合二为一，并附着在女性的子宫内。子宫由肌肉组成，随着胎儿生长，子宫也会变大。

在胎儿生长的同时，其内部器官也在逐渐形成。当胎儿发育完成，母亲就开始分娩，将胎儿从阴道推出体外。

延伸阅读： 婴儿；分娩；胚胎；受精；胎儿；人类生殖；超声波；子宫。

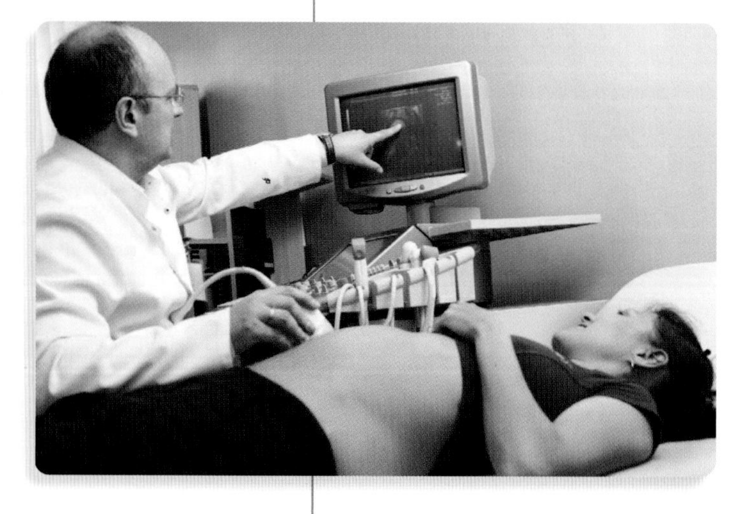

怀孕期间进行定期检查有助于确保胎儿健康。图中，一位医生在用超声波设备检查一名孕妇，这种装置使用高频声波对腹中胎儿进行成像。

坏血病

Scurvy

坏血病是由缺乏维生素 C 引起的疾病。富含维生素 C 的食物包括柑橘类水果、西红柿、生菜、芹菜、洋葱、胡萝卜和土豆等，多吃这些食物可以预防或治疗坏血病。如果一个人缺乏维生素 C，则会引起伤口愈合缓慢、牙龈出血、牙齿松动、易瘀伤和关节疼痛等症状。如果未经治疗，坏血病可导致死亡。

自古以来，坏血病就一直存在，水手中尤为常见。由于长期航海，水手很少能吃到新鲜的水果和蔬菜。他们主要吃腌牛肉和饼干。葡萄牙航海家达·伽马 (Vasco da Gama) 曾经因为坏血病失去了 170 名船员中的大约 100 人。1753 年，苏格兰医生林德 (James Lind) 发现吃橘子和柠檬可以治疗坏血病，在船员饮食中添加柠檬汁可以预防坏血病。1795 年，英国海军按照他的建议，开始给船员每日饮用定量的橘子汁。现在，坏血病已经很少见了。

延伸阅读： 疾病；食物；水果；营养学；维生素。

橙汁富含维生素 C。食用富含维生素 C 的食物可以预防或治愈坏血病。

环境

Environment

环境是指生物周围的一切事物。人类的环境包括温度、食物供给和其他人等。植物环境由土壤、阳光和以植物为食的动物等组成。

非生命体，如热量和阳光等组成了非生物环境。生命体或者曾经活着的物体，如花和食物等，构成了生物环境。非生物环境与生物环境共同构成了生命体与非生命体的整体环境。

研究生命体与环境之间关系的学科称为生态学，研究生态学的人称为生态学家。

延伸阅读： 环境污染；生命。

现在许多人生活在城市环境中。和其他任何环境一样，城市环境也是由生命体（如青草和其他人）以及非生命体（如建筑物和天气）组成。

环境污染

Environmental pollution

环境污染是指对空气、水和陆地的破坏。它来自人类产生和使用的有害化学物质和其他物质。几乎所有人都希望减少污染，但是大多数污染都是由人类需要的物品造成的。例如，汽车使得我们出行便利，但也造成了空气污染；工厂生产人们需要的家具、电子产品、衣物和其他各类产品，但通常也会导致污染。

空气污染由烟雾和燃料燃烧造成，它危害动植物和人类的正常生存发展，破坏建筑物和雕塑。多数空气污染来自汽车运行、建筑物供暖和电力制造过程中的燃料燃烧。雾霾是空气污染的一种形式，它由气体和细颗粒物混合而成。空气污染还可以与空气中的水蒸气反应，导致酸雨的产生。

水污染则在垃圾、金属、石油以及化学物质进入水体时发生，这些水体包括河流、湖泊和海洋。水污染也会影响地下蓄水层的水资源。水污染导致鸟类、鱼类和其他野生生物的死亡，也可能破坏饮用水供应。

土壤污染危害陆地，而农作物需要健康的土壤才能生长。如果农场使用过多化学品，就有可能造成土壤污染。例如，农民使用化肥促进植物生长，使用杀虫剂除草和杀害虫，但是过多的化肥和杀虫剂对土壤中的生物有害。工厂和矿山的化学物质也可能导致土壤污染。

垃圾污染也称固体废弃物污染。人们会丢弃纸、塑料、瓶子、罐头、食物残渣和旧车零件，这些垃圾必须在垃圾场处理或埋在垃圾填埋点。但是其中的化学物质可能泄漏，危害环

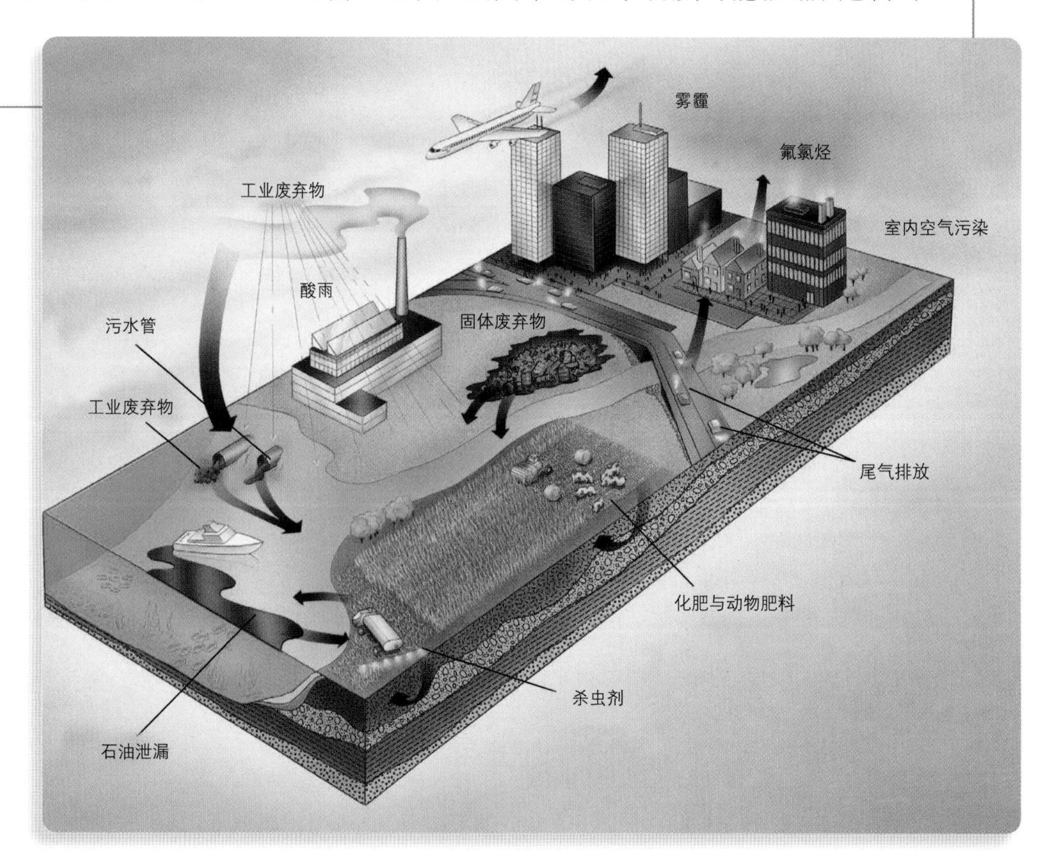

环境污染的种类很多，它们以多种方式危害地球。由于环境各部分是相互联系的，破坏一个自然生态系统的污染物也会影响其他系统。

境。有时人们焚烧垃圾，也会产生空气污染。

还有其他种类的污染。危险废弃物污染来自一些极其危险的物质，如毒药、爆炸物和核废料。另一些污染则并不明显，例如，噪声污染来自吵闹的汽车和机器，可能对附近居民造成干扰，而且也会影响或伤害野生生物；光污染则来自城市灯光，可能影响或伤害野生生物，并且也会影响人们欣赏夜空。

石油泄漏是水污染的原因之一。图中的人们在清理小村庄附近一条河流中的石油泄漏。

不同种类的污染通常是相互联系的。例如，农业化学物引起土壤污染，这些化学物质可以随着雨水流入江河、湖泊以及海洋，导致水污染；空气污染可以导致酸雨，酸雨也可以大范围污染土壤和水资源。

大多数国家有国家污染控制机构。例如，美国环境保护署（Environmental Protection Agency, EPA）制定污染控制条例。环境保护署会对污染排放量超出条例限制的厂家进行处罚，也会帮助州政府或当地政府进行污染控制。

个人也有很多方法减少污染。例如，大量空气污染来自机动车燃料燃烧，以步行或骑自行车代替开车可以减少空气污染，以拼车或乘坐公共交通代替单独驾车也可以减少空气污染；人们还可以在家中和建筑物中减少取暖和用电，由于暖气和发电多来自化石燃料的燃烧，因此这样做也可以减少空气污染。循环使用（重复使用玻璃等材料）有助于减少垃圾污染。

黄疸

Jaundice

黄疸是皮肤、眼白和其他组织呈现黄色的现象。黄疸是某些疾病的征兆。它是由体内胆红素的积聚引起的。胆红素是红细胞分解形成的物质，呈红黄色。肝脏通常会清除血液中的胆红素，它将胆红素排入胆汁中。

黄疸常由损害红细胞的疾病和情况引起。受损的血细胞大量分解，产生过量的胆红素。如果肝脏不能产生足够的胆汁或肝脏释放胆汁受阻，也会发生黄疸。胆结石可能会导致这样的堵塞。婴儿有时生下来就有黄疸，这是因为他们的身体不能处理产生的所有胆红素。大多数情况下，这种黄疸会在出生后两周内消失。

延伸阅读： 疾病；眼睛；胆囊；肝脏；红细胞；皮肤。

黄热病

Yellow fever

黄热病是由病毒引起的疾病。其病毒由蚊子携带。黄热病损害身体的许多部位，尤其是肝脏。患者的黄色胆汁积聚在皮肤中，使皮肤看起来发黄，故名。

黄热病的症状包括突然发热、头痛、肌肉痛、腰酸、无力和呕吐。大多数人的病情都很轻，很快就会康复，但也有些人死于黄热病。如今，人们只在非洲和南美洲的部分地区感染黄热病，但这种疾病再次广泛流行。许多地区的人们通过控制蚊虫来预防黄热病，也可通过疫苗预防。

延伸阅读： 疾病；公共卫生；病毒。

黄体酮

Progesterone

黄体酮是一种激素，激素是体内产生的化学物质，控制着某些细胞和器官的功能。黄体酮由雌性动物产生，当雌性动物能够孕育后代时，就会产生黄体酮。成年雄性也会产生极少量的黄体酮。

黄体酮对于女性备孕非常重要。

在每个月的某些时候，女性会分泌更多的黄体酮，这种变化会导致女性身体机能发生变化，例如，

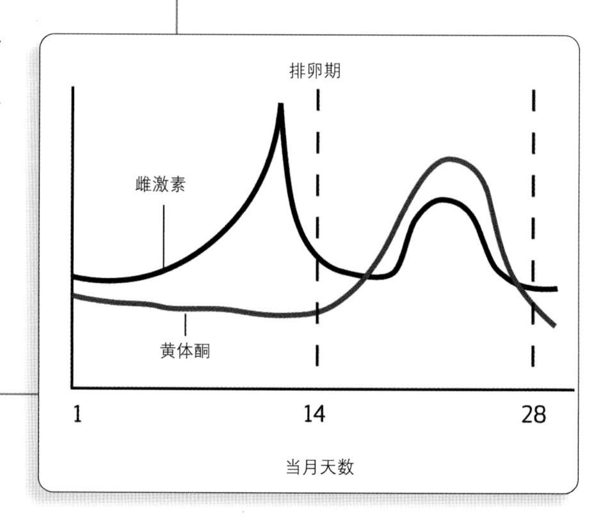

女性血液中的黄体酮含量在每月排卵期后上升，能让女性的身体为怀孕做好准备。女性体内的另一种激素——雌激素的含量通常在排卵前最高。

女性的体温会升高。

医生会使用黄体酮来治疗一些特定的女性疾病，这些黄体酮可单独使用，也可与其他药物一起使用。

延伸阅读： 雌激素；激素；怀孕；人类生殖。

昏睡病

Sleeping sickness

昏睡病是一种侵袭神经系统的疾病，严重时会导致人长期睡眠。此病如不及时治疗往往是致命的。昏睡病只发生在非洲，在那里，无论对人还是动物，它都是一个严重的健康问题。它会影响马和牛，使某些地区无法进行耕种。

昏睡病是由单细胞寄生虫感染引起的，寄生虫由采采蝇传播。采采蝇通过吸食感染者的血液而感染寄生虫，被感染的采采蝇叮咬的人会患昏睡病。

昏睡病多数病例以发热、头痛、畏寒为初始症状，随后会伴随身体某些部位的肿胀、皮疹和虚弱。严重时，虫体感染大脑从而引起深度睡眠、昏迷和死亡。

延伸阅读： 疾病；发热；头痛；神经系统；睡眠。

活组织检查

Biopsy

活组织检查是一种医疗手段。在活组织检查中，医生从患者体内取出一些物质，放在显微镜下查看、研究。

医生可以用不同的方式进行活组织检查。他们可以切开皮肤取出少量的组织；可以从某个表层刮取细胞，比如口腔内部；或者可以将针头插入患者体内并取出一些细胞。

医生有时用活组织检查来筛查癌症。他们也通过活组织检查来发现其他疾病。医生在明确病症后，就可以给患者进行治疗。

延伸阅读： 癌症；外科手术；肿瘤。

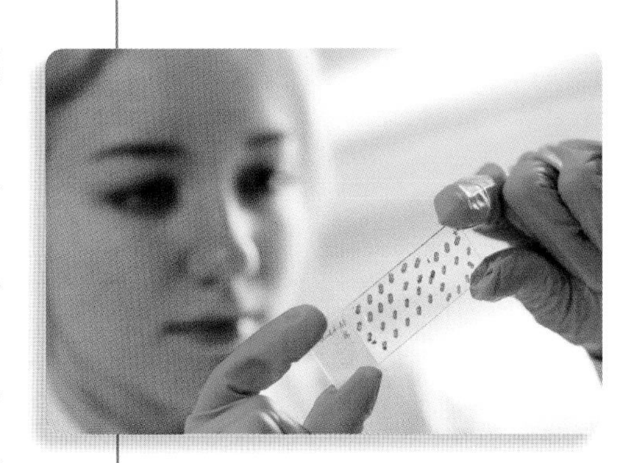

一名科学家研究通过皮肤活组织检查获取的组织切片。

火

Fire

火是物体燃烧时释放的光和热。早期人类用火取暖。随着时间推移，人类学会在许多其他方面使用火。他们用火来烹饪食物、制作武器和工具以及照明。现在，我们有比过去更好的生火方法，火也有了更多用途。火为火车、船舶和飞机提供动力；火被用来发电，也被用来处理废弃物。

现代人仍然使用火来取暖和烹饪食物。科学家认为人类早在100万年前就开始使用火了。

火的产生需要三大条件。首先，必须要有燃料，也就是可以燃烧的物质；其次，燃料需要被加热到可以着火的温度；最后，需要有充足的氧气，它通常来源于我们呼吸的空气。物质可以通过很多途径点燃，但是都需要氧气才得以维持燃烧。

火的用途广泛，但是它也可能摧毁很多事物。每年失去控制的火灾都会造成数千人的死亡以及数十亿元的损失。

延伸阅读： 烧伤。

霍乱

Cholera

霍乱是一种由霍乱弧菌引起，通过被病菌污染的水或食物传播的严重疾病。病菌通过患者产生的固体废物传播。人们因为食用了被这些废物污染的食物或饮用水而感染霍乱。霍乱弧菌进入肠道并产生毒素，这种毒素会导致严重的腹泻，使机体流失大量的水分，如果不经治疗，霍乱会导致死亡。

医生给病人饮用或注射特殊液体治疗霍乱，这种液体有助于补充体内水分。经过适当的治疗，霍乱患者会在几天内好转。

正确的清洁工作可以帮助预防霍乱。在霍乱流行的地方旅行的人，最好只喝瓶装水，此外还应煮熟所有可能接触过水的食物，因为这样可以杀死霍乱弧菌。最后，接种疫苗也可以有效预防霍乱。

延伸阅读： 细菌；腹泻；疾病；肠；毒物。

饥饿

Hunger

饥饿是因身体对食物的需求而引起的一种难受的感觉。饥饿的人胃会不舒服，可能会感到虚弱或头昏眼花。许多专家认为，全世界有数亿人长期遭受饥饿之苦。

人类对饥饿的意识是由大脑和其他器官及组织中产生的化学物质控制的，这些化学物质的不平衡会增加或减少饥饿感。血液中某些物质的含量也会影响饥饿感。

习惯也影响饥饿和进食。有些人只在某些时候吃东西，且通常只吃某些食物。社会因素，如其他人的存在，也影响一个人进食的数量和种类。

饥饿是世界上的主要社会问题之一，全世界数以百万计的人穷得吃不上饭。每年的世界人口增长带来了更大的粮食需求，干旱、洪水或其他自然灾害会破坏许多粮食作物，许多贫穷的国家无法为本国人民生产足够的粮食。

饥饿不同于饥荒，饥荒是一个特定地区长期的食物短缺。

延伸阅读： 安非他命；饥荒；农场和耕作；食物；下丘脑；肥胖；体重控制。

国际粮食援助项目提供食物，以减轻贫穷国家的饥饿问题。饥饿是世界上的主要社会问题之一。

饥荒

Famine

饥荒是指缺乏食物。当某地区缺少食物，许多人就会挨饿甚至死亡。历史上，全世界每隔几年就至少会有一个地方发生饥荒。

饥荒通常由干旱引起，因为农作物需要水才能生长。沙漠附近发生干旱的可能性最大。但是农作物生长不良也可能由其他原因引起，例如，洪水可以摧毁作物，杀死牲畜；害虫、疾病和自然灾害也可以。此外，战争也可能导致饥荒。

联合国和其他国际组织为饥民提供帮助，也致力于提高世界粮食产量以预防未来的饥荒。

延伸阅读： 农业；农场和耕作；食物；饥饿。

肌腱

Tendon

肌腱是连接肌肉和骨头的强韧白色组织。

肌肉通过牵拉肌腱来活动骨骼。肌腱由许多坚韧的纤维束构成。有的肌腱呈圆形，有的则呈扁平状。肌腱的一端始于肌肉的末端，另一端则深入骨骼。

肌腱可以在组织覆盖物内上下滑动，就像手臂在外套袖子中移动一样。肌腱和这种组织被韧带固定在适当位置。

切断的肌腱可以缝合在一起，肌腱愈合可能需要6周或更长时间。

延伸阅读： 跟腱；骨；韧带；组织。

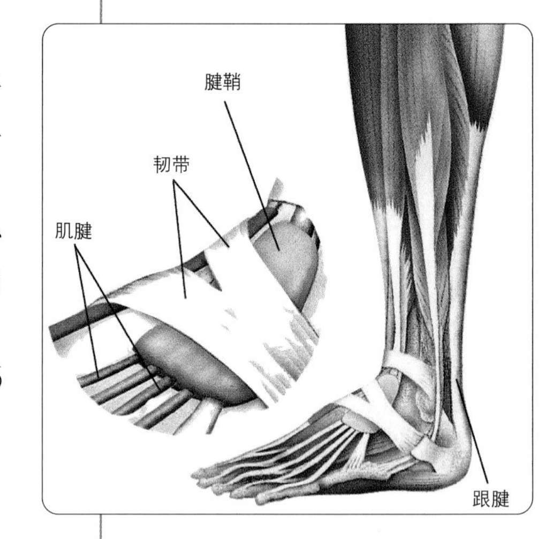

足部的肌腱被称为腱鞘的保护组织覆盖。肌腱和腱鞘由韧带固定。腿部的主要肌腱之一是跟腱，它连接腿部肌肉和跟骨。

肌肉

Muscle

肌肉是坚韧、有弹性的组织，它能使身体各部分运动。人体有600多块主要肌肉。我们用肌肉来行走、跳跃和投掷。下巴的肌肉帮助我们咀嚼食物。即使在我们休息的时候，身体里也有一些肌肉一直在工作。心脏和血管中的肌肉将血液送入体内。胸部肌肉帮助我们呼吸。肌肉使食物通过胃和肠道，从而帮助消化。

肌肉主要有三种。骨骼肌将骨头连接起来，形成身体的形状，也让身体动起来。它们构成了腿部、手臂、胸部、腹部、颈部和面部的很大一部分。有些骨骼肌很微小，如眼睛周围的肌肉。另一些骨骼肌大而强壮，比如大腿肌肉。

平滑肌分布于内脏器官内，比骨骼肌小，

身体后部　身体前部

人体有600多块主要肌肉，其中约240块有专门的名称。

能进行缓慢而不受意志支配的收缩。

心肌构成心壁，有助于将血液从心脏输送到动脉。血液将营养输送到身体的细胞。心肌像平滑肌一样进行不受意志支配的收缩。

延伸阅读： 肌肉痉挛；膈；心脏；人体；肌营养不良症；瘫痪；骨骼；肌腱；舌头。

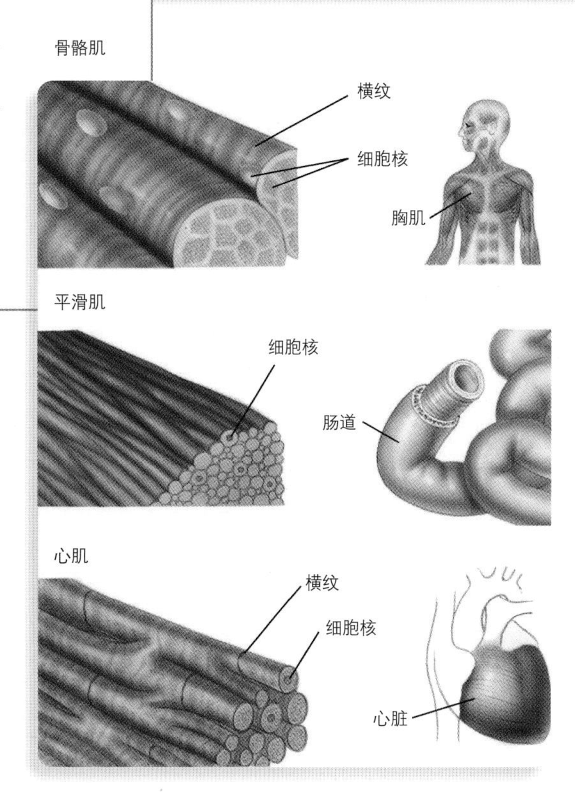

人体有三种肌肉：(1) 骨骼肌；(2) 平滑肌；(3) 心肌。骨骼肌纤维有被称作横纹的条纹，每个纤维也有许多细胞核。平滑肌没有横纹，每个纤维只有一个细胞核。心肌在每个纤维中有横纹和一个细胞核。

肌肉痉挛

Cramp

肌肉痉挛是肌肉不受控制的收缩，伴随剧烈的疼痛。身体的任何肌肉都有可能痉挛。有时只发生一次，但更常见的是一次收缩之后伴随着迅速出现和消退的、更强的收缩。严重的肌肉痉挛如不经治疗，可持续数小时甚至数天。

用于移动或支撑身体的肌肉常发生痉挛，剧烈运动或反复运动也可导致肌肉痉挛。在炎热的天气里更可能发生肌肉痉挛，称为热痉挛。

运动员最常使用的那部分肌肉容易发生痉挛。例如，跑步者可能出现腿部痉挛。当肌肉在日常生活中使用过多时，也会发生痉挛。例如，一个长时间写作的人可能出现手部肌肉痉挛，称为作家痉挛。

器官的肌肉也会出现肌肉痉挛的情况，尤其是胃和肠。这种痉挛经常引起胃痛。

医生采用肌肉温疗结合强制休息的方法来治疗痉挛。可在肌肉痉挛的部位擦拭药膏以缓解疼痛并帮助肌肉放松。

延伸阅读： 肌肉；疼痛。

肌萎缩侧索硬化症

Amyotrophic lateral sclerosis

肌萎缩侧索硬化症是一种罕见的无法治愈的神经系统疾病，英语缩写为 ALS，也被称为卢伽雷病。卢伽雷是一位著名的棒球运动员，他死于这种疾病。ALS 逐渐摧毁了控制肌肉的神经，导致身体衰弱、瘫痪，最终死亡。

当大脑和脊髓中的神经细胞分解并死亡时，ALS 就会发生。患者手臂和腿部力量变得越来越弱，行走和用双手做简单的工作都有困难。随着肌肉的衰弱，患者的体重减轻并逐渐瘫痪，说话和吞咽都会变得困难。

当控制呼吸的肌肉停止工作时，患者就会死亡。在大多数情况下，患者会在症状首次出现后的 2 ~ 5 年内死亡。

延伸阅读： 疾病；肌肉；神经系统；瘫痪；呼吸。

卢伽雷是一位著名的棒球运动员，他死于肌萎缩侧索硬化症（ALS）。这种病有时也被称为卢伽雷病。

肌营养不良症

Muscular dystrophy

肌营养不良症是某些肌肉疾病的名称。这些疾病使将身体骨骼连接在一起的肌肉变得无力。肌营养不良症使一个人难以行动、支撑身体甚至呼吸。

有些类型的肌营养不良症始于儿童时期，另一些始于成年期，但它们都是遗传的。这意味着疾病在家庭中传播，从父母传给孩子。

医生还没有找到方法来治愈肌营养不良症。他们利用伸展运动和支具使患者肌肉尽可能久地保持正常，使用药物使患者呼吸更容易。

延伸阅读： 疾病；肌肉；瘫痪。

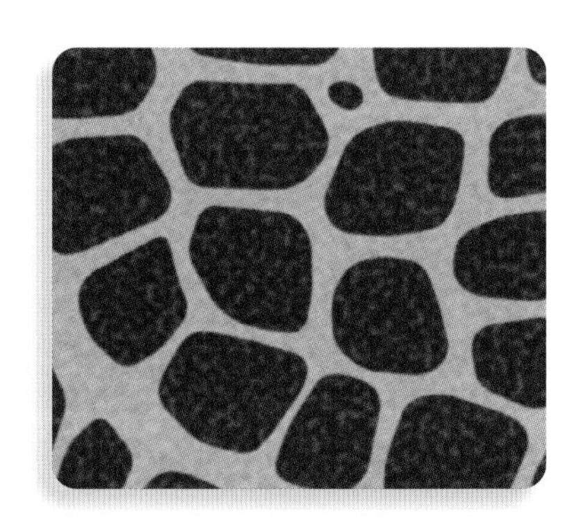

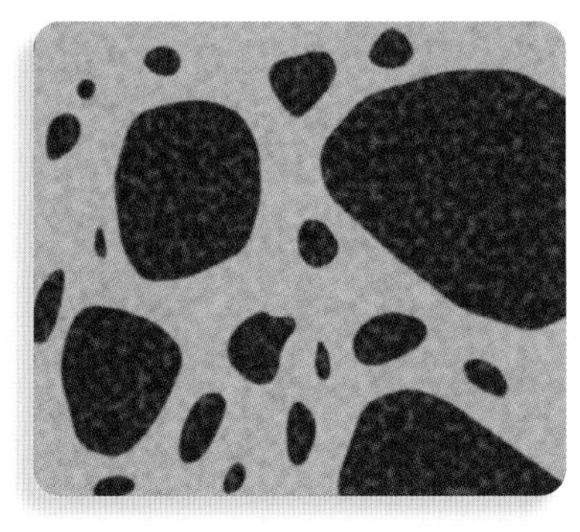

肌营养不良症患者的肌肉组织（下图）与正常肌肉组织（上图）相比，显得消瘦和不规则。

基因

Gene

基因是细胞内的化学指令，它们指导生物的生长。基因指导婴儿胳膊、腿和器官（例如心脏）的生长发育，也决定了人们眼睛和头发的颜色。

人们从父母那里获得基因，且一半基因来自父亲，一半基因来自母亲。

人体的每个细胞都含有数以千计的基因。这些基因存在于微小呈线状的染色体中，每个基因位于一条染色体的特定位置。染色体位于细胞核内。

基因是带有遗传信息的脱氧核糖核酸（DNA）片段。DNA分子的结构像一条长长的旋梯，“梯级”由被称为碱基的化学物质构成，一对碱基构成一级梯级，大多数基因由数千对碱基构成。

一些疾病是由基因问题造成的。比如，特定基因的损伤会导致囊性纤维化的发生，这种疾病会导致机体产生大量异常的厚重黏液，并可能导致死亡。

延伸阅读： 细胞；染色体；脱氧核糖核酸；基因治疗；基因检测；遗传学；基因组学；遗传；细胞核；蛋白质。

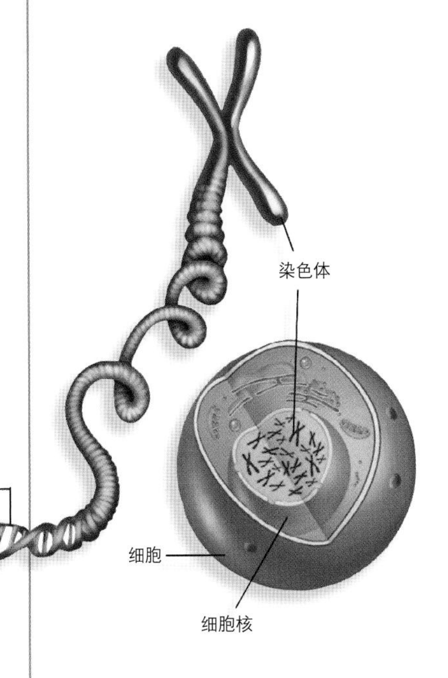

人类的基因位于微小呈线状的染色体中，基因是带有遗传信息的DNA片段，DNA分子的形状如同旋梯。

基因检测

Genetic testing

基因检测即检测某人的基因。基因携带着指导细胞生长发育的信息，许多疾病是由基因缺陷或缺失造成的，如血友病、镰状细胞贫血和囊性纤维化。通过寻找特定的基因，基因检测可以帮助预测某人是否会患这样的疾病，使得人们能够及早防治。许多基因检测从血液样本或颊黏膜拭子获得细胞。

使用颊黏膜拭子无痛取出的细胞样本可以进行许多基因检测。

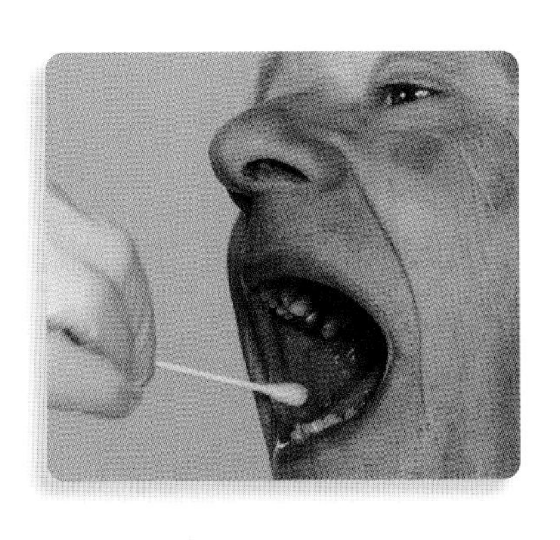

一些公司推出了可以在家进行的基因检测，这些检测可以提供家族和健康信息，但是往往不如在卫生专业人员的监督下进行的测试可靠。

延伸阅读：疾病；基因；遗传。

基因治疗

Gene therapy

基因治疗是通过向人类细胞内插入新基因以达到治疗或预防疾病的目的。基因携带着可以决定细胞形态和功能的化学指令。在基因治疗中，医生基本上是给待治疗细胞注入一套新的指令。

每个人体细胞中含有约25000个基因，遗传疾病通常是由基因缺陷或缺失造成的，这会导致受影响的细胞无法正常运转。基因治疗为治疗这些疾病提供了可能性。目前基因治疗还在发展初期，但是它为防治当今无法治愈的遗传疾病带来希望。这些疾病包括肌肉萎缩症、囊性纤维化、血友病、某些癌症以及某些心血管疾病。

延伸阅读：生物技术；疾病；基因；遗传学；分子医学。

基因组学

Genomics

基因组学是研究生物基因的学科。基因携带着指导生物细胞发育和行使功能的信息。基因组指的是生物一个细胞内的全部基因。基因组学研究的主要目标是分析不同种类植物、动物和其他生物的基因组。

基因组学领域已经有了许多重要的发现。通过对比生物的基因组，生物学家已经发现生物之间是如何相互关联的。基因组携带着指导生物合成蛋白质的信息，因此基因组学也可帮助科学家研究蛋白质。基因组学还可帮助科学家研究特定的疾病，并找到治疗方法。

延伸阅读：基因；分子医学；蛋白质。

激素

Hormone

激素是存在于动植物体内的化学物质，在动植物体内充当信使，使各部分之间相互协调。激素控制生长、发育和生殖。

大多数激素都是由内分泌腺分泌的。主要的内分泌腺包括肾上腺、脑垂体、甲状旁腺、性腺和甲状腺。

人体能够产生30多种激素。代谢激素控制机体将营养物质转化为能量和活组织，生长激素和性激素控制机体由婴儿生长发育为成人，血液激素使血液中的化学物质保持在正常水平，应激激素帮助机体应对愤怒、恐惧、伤害以及其他应激状况。

延伸阅读： 肾上腺；雌激素；腺体；下丘脑；新陈代谢；脑垂体；应激；青春期；睾酮；甲状腺。

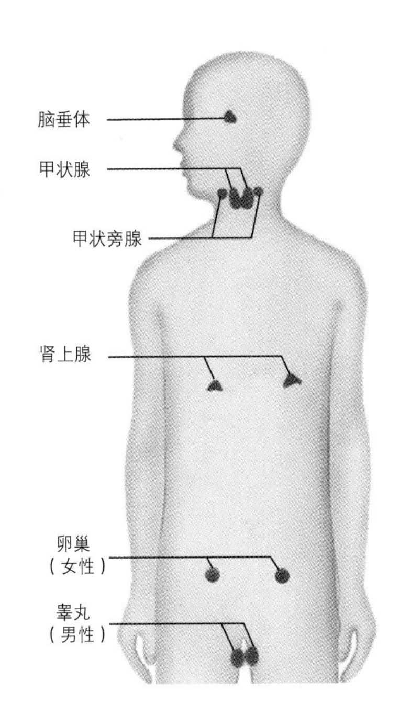

30多种人体激素中的大多数都由内分泌腺产生。主要的内分泌腺包括肾上腺、脑垂体、甲状旁腺、性腺和甲状腺。

急救

First aid

图中的人们在学习心肺复苏术，一种针对呼吸心跳均停止者的急救措施。其他类型的急救涉及为伤者提供特定护理。

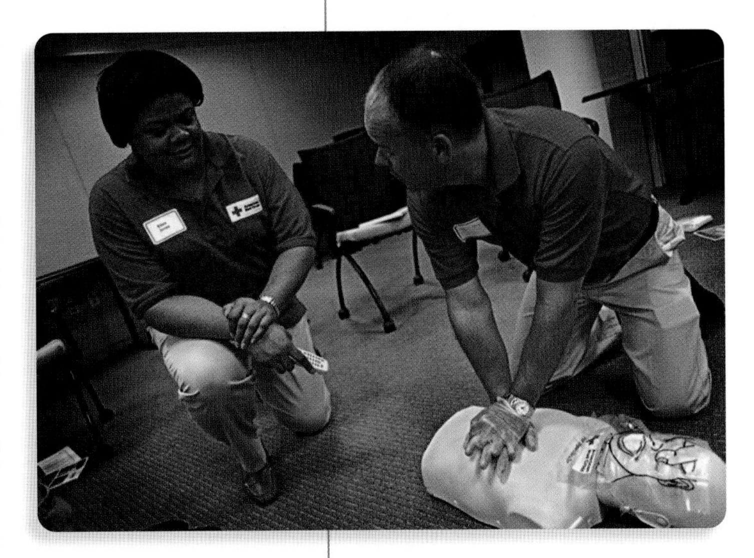

急救是为遇到紧急事故、突然病倒或严重受伤的人立即提供救助。急救可以防止患者病情加重。有时，急救可以挽救生命。

只有熟练掌握急救知识的人才应该尝试为病人或伤者提供急救。在大多数情况下，这种人是成年人。通常，他会在医生、护士或救护车到达前进行急救。如果你没有学习过急救技能，就不要为别人提供急救，不当的处置可能弊大于利。

当有人受伤时，第一件事就是寻

求帮助。如果你、你的朋友或者一个成年人受伤，一定要立刻告诉父母、护理人员、老师或者其他成年人。这些人会打电话给医生、医疗组织、毒物控制中心、消防队或者警察局寻求帮助，这些人员和机构的电话号码都应该写在每户人家的电话旁边。但是，如果这些号码不在身边，拨打 120 通常是紧急情况下获得帮助的最好办法。

拨打急救电话的人应当告诉对方待救援者是如何生病或者受伤的，还应该说明待救援者的确切地址以及已经采取的急救措施。有些情况下，对方会告诉拨打者在救援人员赶到前如何护理伤员。拨打者应当记下这些急救说明，并向对方复述，询问可能存在的疑惑。拨打者弄清楚他应当如何做是非常重要的。

如果有人严重受伤，懂得急救的人可以在等待医护人员到达的过程中尝试帮助伤者。例如，如果伤者停止呼吸，可以尝试人工呼吸。施救者应在专门的课程中学习如何完成这一操作。

通常来讲，在等待救援时不应该移动伤者。但是，施救者可以试着让伤者更舒服一些。例如，可以为伤者遮挡阳光，告诉伤者救援人员已经在路上，并解释发生了什么，让伤者感觉好一些。

在家中备有一个急救箱是不错的选择。在厨房或后院附近放置急救箱比较合适，因为大多数意外都发生在这些地方。急救箱内应包括绷带、纱布、纸、笔、手电筒、剪刀、安全别针、镊子、消毒喷雾或消毒液、催吐药（当某人误服有毒物质后可

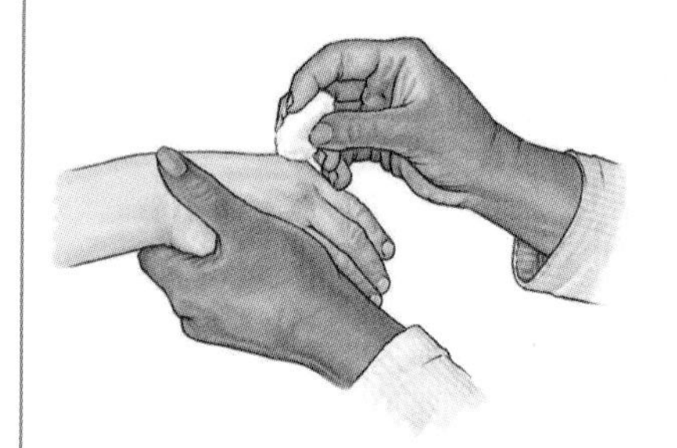
使用棉球清洁伤口

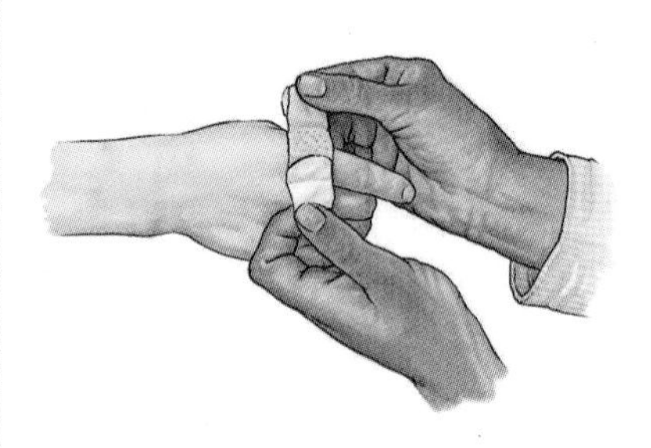
在伤口处贴创可贴

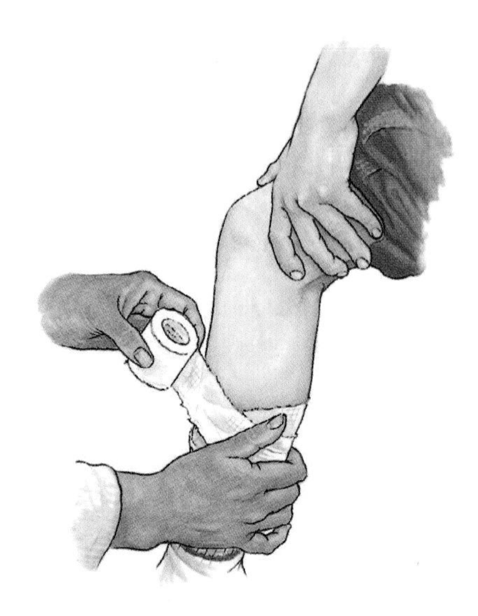
使用纱布包扎动物咬伤处

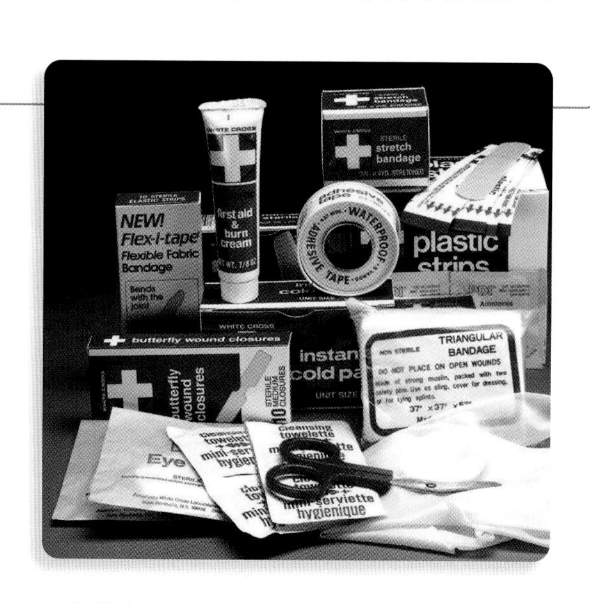

急救箱应当包括用来处理小的割伤和刮伤、轻微烧伤、昆虫咬伤及其他伤口的所有物品。

以帮助人呕吐的一种特殊药品）和急救手册。除非需要进行急救，否则切勿将急救箱内的任何物品取出。

在车内放置急救箱也是好主意。其中应当有家用急救箱内的所有东西，还应放置一条毯子。

如果你受伤了，尽快告诉你的家长、监护者、老师或其他人。在某些情况下，还有其他一些你可以做的事情。

延伸阅读： 出血；挫伤；烧伤；晕厥；骨折；冻伤；体温过低；鼻出血；休克；晒伤。

疾病

Disease

疾病是指任何身体或精神上的病症。几乎所有的生物在生命历程中都会经历患病过程。疾病会使人和动物产生疼痛且影响正常生活，也可能导致死亡。植物病害可以破坏庄稼和绿地。

人们生病的方式各不相同。有些疾病是突发的，持续时间很短；还有些疾病可持续数年甚至一生。

疾病主要有两种：传染病和非传染性疾病。

当病原微生物进入机体并开始繁殖，就可能引发传染病。病原微生物的种类有很多。其中细菌会导致许多疾病，如肺结核和破伤风。肺结核的细菌会伤害肺部引起呼吸困难；破伤风的细菌损伤肌肉组织。病毒也会致病，水痘和麻疹是由病毒引起的两种疾病。真菌也可能引起疾病，例如，真菌会引起足癣等足部问题，还会引起皮肤感染，称为皮癣。

人们可因饮用被细菌污染的水而得病。在清洁饮用水稀缺的地方，水生细菌是一个严重危害健康的问题。

传染病可通过多种方式传播，可由人或其他动物、水、食物和一些物体传播。

许多疾病在人与人之间经手传播。一个人触摸了带有细菌的物体后，如果他揉眼睛或鼻子，细菌就会进入他的身体，使他得病。如果人们在打喷嚏和咳嗽的时候不捂住嘴巴或鼻子，就可能导致一些疾病的传播和扩散。

一些昆虫和其他小型动物通过叮咬的方式传播疾病，包括蚊子、跳蚤和蜱虫。其他可以传播疾病给人的动物包括鸟类、蝙蝠、老鼠、浣熊和臭鼬。

人们可能因喝不干净的水而生病。因为不干净的水里可能有很多病菌。

食物有时也可携带致病菌。例如，如果食物没有妥善储存，病菌就可以在诸如鸡肉、牛肉和蛋黄酱等食物中生长。

通过物品传播的疾病数量比生物间传播的少很多。但是有些物品会携带致病菌，如湿海绵和抹布。

第二种主要的疾病——非传染性疾病的发病途径有许多。一些非传染性疾病是遗传性的，这意味着这些疾病是通过基因从父母传给孩子的。基因是身体细胞内的微小结构，它们带有指导身体生长发育的化学指令。有时候，一个人会遗传到受损的基因。这些基因会引起疾病，如镰状细胞贫血和亨廷顿舞蹈病，其中镰状细胞贫血是一种血液病，亨廷顿舞蹈病则会破坏脑细胞。

其他疾病在人体内的基因受损时发生。例如，吸烟会损伤基因，并有可能使人患上肺癌。

人们的一些不恰当的行为也会引起非传染性疾病的发生。例如，如果人们吃太多脂肪含量高的食物，就有可能会患上心脏病。

年龄增长往往会导致许多疾病的发生。身体的某些特定部位(如心脏、大脑、背部和膝盖)比其他部位更容易因此出现问题。

我们的身体可以用多种方式预防疾病的发生。皮肤可以防止一些病原微生物进入体内；眼泪可以清除眼睛里的灰尘和其他有害物质；鼻腔的

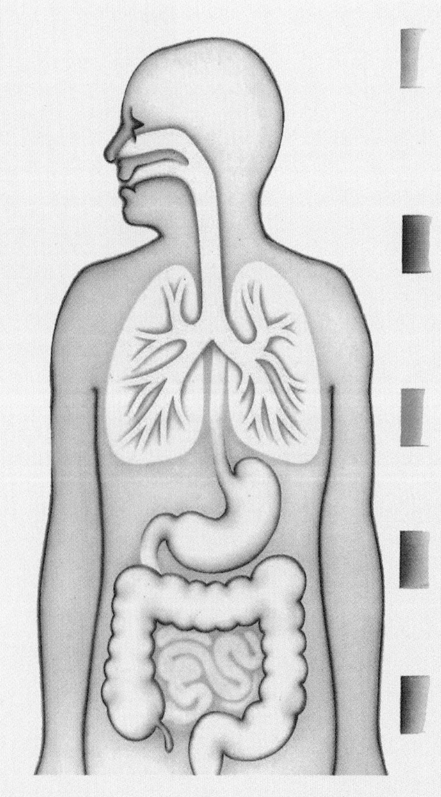

身体对传染病的防御包括对抗病菌的物理和化学屏障。该图显示了一些阻挡病原微生物的天然屏障。

黏性物质——鼻涕，可以在细菌进入肺部之前捕获它。

免疫系统是由一类可以对抗进入体内病菌的细胞和组织构成的系统。血液中的特殊细胞会发现病菌并攻击它们。

医生致力于研究怎样协助人体的免疫系统对抗疾病。首先，医生必须了解患者患有哪种疾病；然后，他们可以给患者提供对抗疾病的对应药物；有时医生必须对患者进行手术。在手术中，医生对受伤的部位进行修复，或者摘除致病组织。

人们可以通过培养一些良好的行为习惯预防疾病，如经常洗手以防止细菌传播；食用健康食品；不吸烟等。

延伸阅读： 细菌；咳嗽；药物；基因；病原微生物；健康；免疫系统；医学；公共卫生；打喷嚏；病毒。

脊髓灰质炎

Poliomyelitis

脊髓灰质炎又叫小儿麻痹症，是由脊髓灰质炎病毒引起的严重疾病，儿童易感。

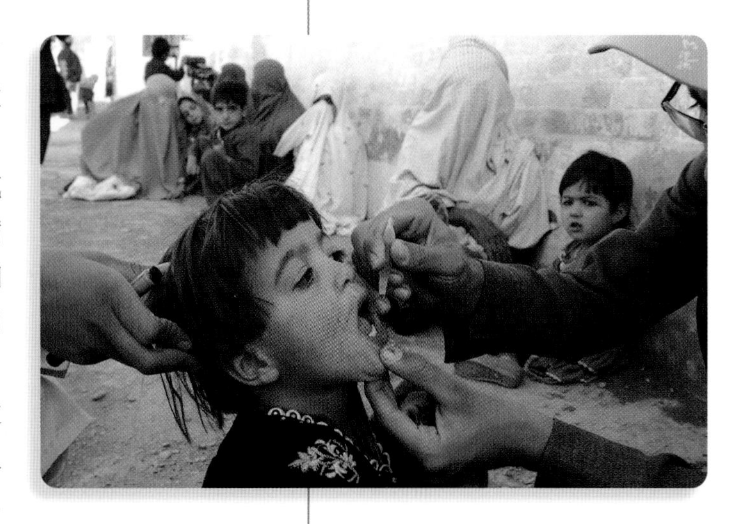

一名小女孩在巴基斯坦接种脊髓灰质炎疫苗。自20世纪50年代以来，由于该疫苗的广泛使用，脊髓灰质炎在世界范围内几乎被消灭了。

如果脊髓灰质炎病毒进入鼻部或嘴部，人就有可能患上脊髓灰质炎。病毒会攻击脑或脊髓的神经细胞。神经细胞将电化学信号传遍全身，沿着脊柱向下延伸的神经细胞束叫作脊髓。

有些人患上脊髓灰质炎后只会发烧、头痛、喉咙痛或是呕吐，另一些人病情却很严重，可能会瘫痪或呼吸困难。

没有药物可以杀死脊髓灰质炎病毒，许多年来，脊髓灰质炎导致了许多人瘫痪。但在20世纪50年代初期，索尔克发明了第一支脊髓灰质炎疫苗来预防该病。如今，及早注射疫苗就能够有效预防脊髓灰质炎。

延伸阅读： 疾病；神经系统；瘫痪；索尔克；脊柱。

脊柱

Spine

脊柱是骨骼的一部分，沿着人和许多其他动物背部的中心向下延伸。人的脊柱帮助身体保持直立和运动。它还能保护脊髓，脊髓是从颈部一直延伸到背部的神经束，在身体各个部位和脑部之间传递信息。

人的脊柱由33块椎骨组成。椎骨是形状有点像圆柱体的小骨头。它们相互组合得以让头部旋转、身体转动。椎骨被一种薄薄的胶状圆盘隔开，这样可以防止骨头互相摩擦。

延伸阅读： 骨；神经系统；脊柱侧凸；骨骼。

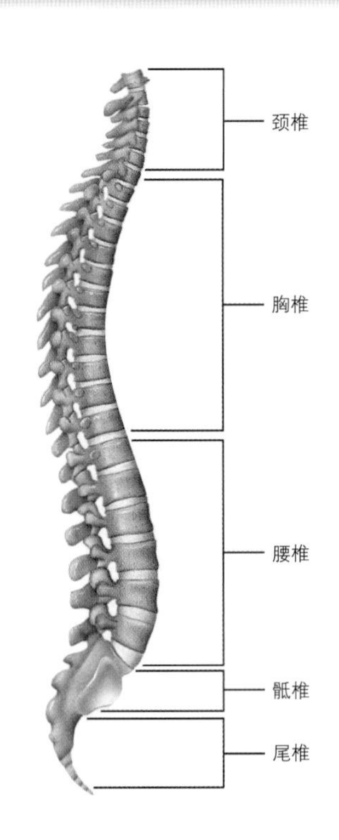

人的脊柱由33块椎骨组成。不同种类的椎骨以它们在脊柱上的位置命名。

脊柱侧凸

Scoliosis

脊柱侧凸是脊柱向侧方弯曲的畸形。在大多数情况下，医生会在一个人的青少年阶段之前发现脊柱侧凸，女孩较男孩更为严重。如果脊柱侧凸得不到矫正，可能会影响心脏、肺和神经系统。医生目前还不知道大多数病例的病因。

许多人都有不同程度的脊柱侧凸，但只有极少数人需要治疗。一些病例只需要一些简单的检查以确保情况不会变得更糟。医生通常让患有脊柱侧凸的人戴上背部支撑仪器做一些特殊的练习。

如果能够及早发现脊柱侧凸，则没有必要进行手术治疗。许多学校对10～15岁的在校学生进行脊柱侧凸检查以确保能及早发现病情。

延伸阅读： 骨；疾病；脊柱。

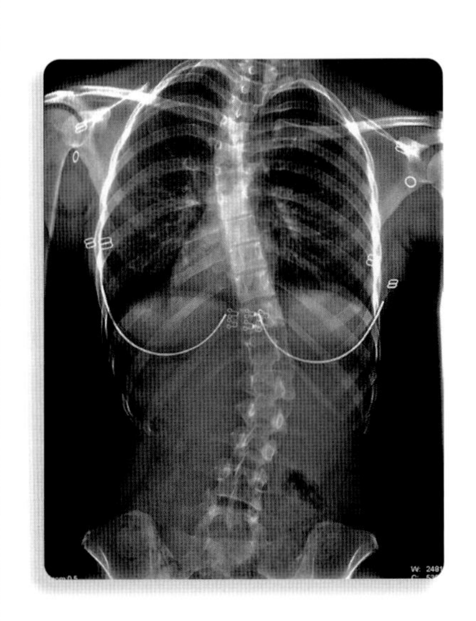

脊柱侧凸是脊柱向侧方弯曲的畸形，这张X光片显示了脊柱侧凸病人的背面照。

记忆

Memory

记忆是记住我们所学或发生在我们身边事情的能力，是脑部存储信息的能力。脑中参与记忆最多的部分叫作海马体。

记忆是学习中最重要的部分之一。没有记忆，我们就不得不一遍又一遍地学习同样的东西。阅读一个单词、计算一个数字或见一个人将永远是一个全新的事件。我们将无法在我们以前经历的基础上继续前进。

心理学家已经知道有三种记忆形式。感觉记忆是最短的一种，这只是我们所见过的事物在脑海中的一个快速画面，几秒钟就消失了。短期记忆持续时间稍长，可达半分钟。当我们重复刚才听到的事情时，我们使用短期记忆。长期记忆是存储我们经历或学习过的东西并可终身保存的记忆。

有些人可以长时间记住很多事情，有些人则很难记住事情。有一些技巧有助于提高人的记忆力。例如，许多人通过一首诗来记住每个月的天数，这首诗是这么写的："三十天的月份有九月……"

延伸阅读： 阿尔茨海默病；健忘症；脑；学习。

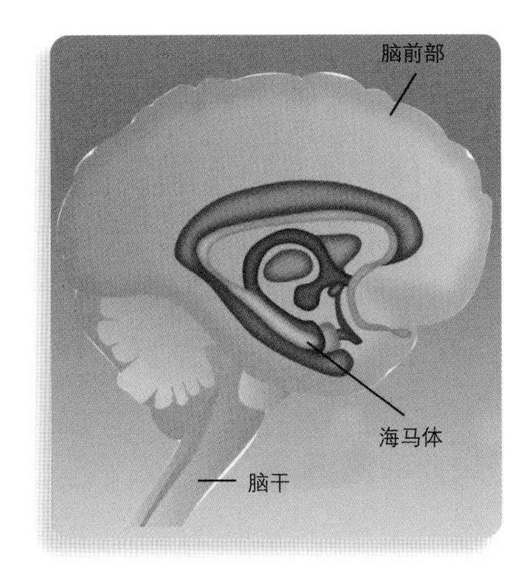

脑中参与记忆最多的部分叫作海马体。

甲状腺

Thyroid gland

甲状腺位于颈前部，分为两部分，分别位于气管两侧。

甲状腺可以分泌激素。激素是身体某些部位产生的化学物质，可引起身体其他部位的变化。甲状腺激素可以调控人的生长速度，还控制细胞新陈代谢。细胞新陈代谢是细胞将营养物质转化为能量和活组织的方式。

甲状腺有时可能产生过多或过少的激素，这会导致新陈代谢过快或过慢。通常可以用药物解决这些问题。在某些情况下，外科医生必须切除全部或部分甲状腺。

延伸阅读： 细胞；腺体；激素；新陈代谢；气管。

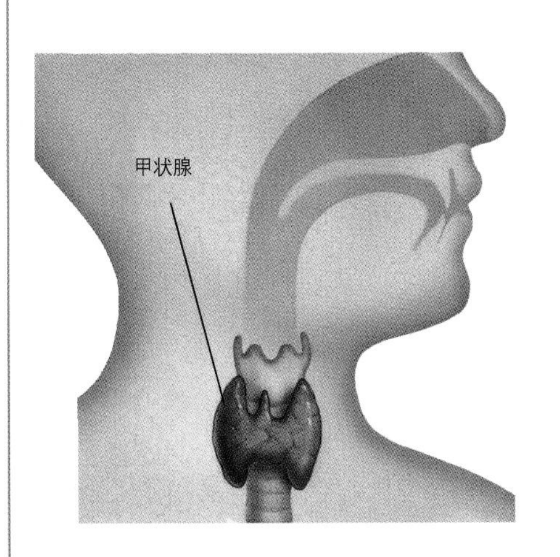

甲状腺位于气管的两侧。

假肢

Artificial limb

假肢也称义肢，是手臂或腿的替代品。

有时一个人出生时就没有四肢，或者肢体因为受伤或疾病而被切除。假肢必须是为患者特殊定制的。

手臂或腿被切除后，残肢或剩下的部分需愈合收缩，然后制作一个与残肢完全匹配的插口，接下来将假臂或假腿连接到插口上。假臂可能有一个像肘部一样的关节，末端是手。假腿可能有一个像膝盖一样的关节，末端是脚。

安装了假腿的人可以通过正常的步行运动控制假腿。假臂通常由一根缠绕在另一边肩膀上的连接线或结实的绳索控制，人通过肩部运动使其移动。

延伸阅读： 生物技术；手臂；腿。

假肢使这名运动员能够参加田径等竞技体育赛事。

肩

Shoulder

肩是人体脖子和手臂之间的部分，连接手臂与躯干的骨头和肌肉也是肩的一部分。

肩由三部分组成：(1) 肩胛骨；(2) 锁骨；(3) 肱骨（上臂骨）。肩主要有两块肌肉，分别是三角肌和斜方肌，这两块肌肉相互配合使肩和手臂运动。

肩比人体其他任何部位都更灵活，同时也更容易受伤。

延伸阅读： 手臂；骨；锁骨；关节；肌肉。

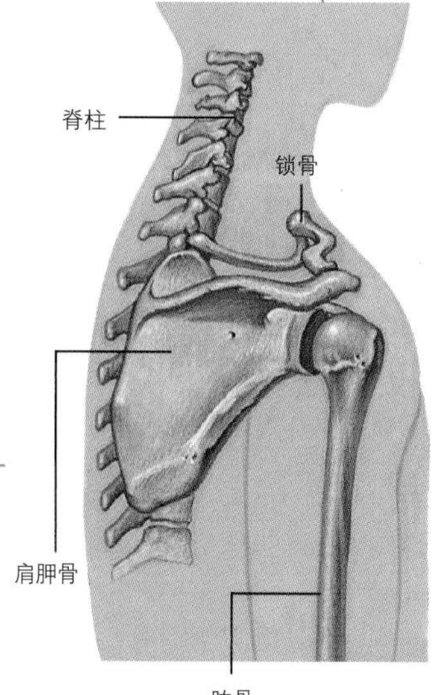

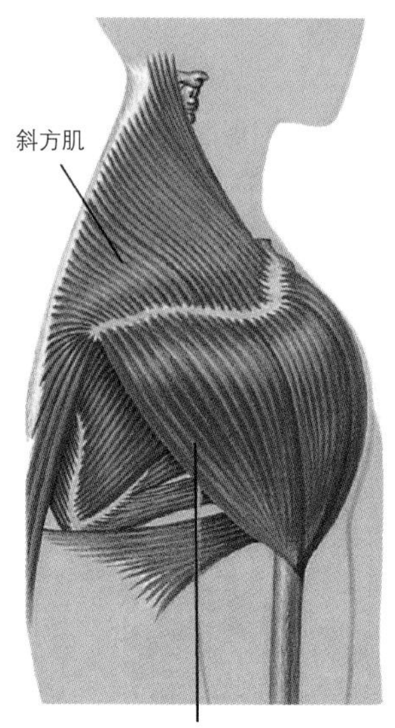

肩包括锁骨、肩胛骨和肱骨。肱骨与肩胛骨通过球窝连接。三角肌是人体最大的肩部肌肉之一，有助于移动上臂。斜方肌可以旋转肩胛骨。

减数分裂

Meiosis

减数分裂是一种细胞分裂。在细胞分裂中，一个细胞分裂成为两个细胞。减数分裂发生在生殖细胞中，生殖细胞是参与生殖过程即产生年轻个体的细胞。

染色体是细胞中的结构。它们携带着基因，这些基因是指导身体如何生长的化学指令。染色体在大多数体细胞中成对出现。然而，男性生殖细胞只携带一整套染色体的一半，女性生殖细胞携带另一半。

在减数分裂之前，细胞复制染色体。然后细胞分裂成两个具有相同数量双链染色体的子细胞。

然后每个子细胞继续分裂。随着细胞分裂，双链染色体分离。这会产生四个生殖细胞，每个生殖细胞都有一整套染色体的一半。

在生殖过程中，一个男性生殖细胞和一个女性生殖细胞合并，形成了具有一整套染色体的单个细胞。该细胞可以发育成为一个新生命。

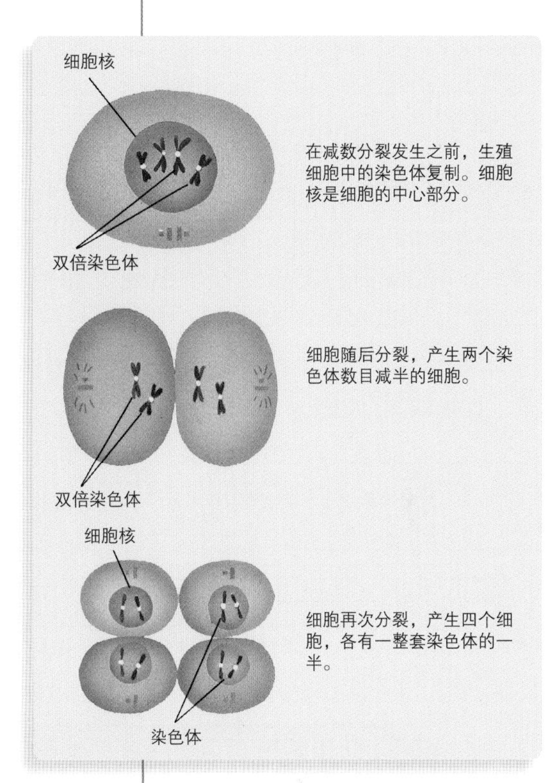

减数分裂

健康

Health

健康是一个人身体、心理和自身感受的一种状态。健康状况良好不仅仅意味着没有疾病。一个健康的人应当拥有良好的体型，对生活保持良好的心态，还应当与他人和睦相处。

身体健康的人有充沛的精力，他们可以参与许多活动。

人们可以通过许多方法保持身体健康，包括摄入种类丰富的食物，例如水果、蔬菜、肉类、鱼类、蛋类和豆类。面包、麦片、牛奶、奶酪和其他乳制品也是健康饮食的一部分。包含多种食物、配比适宜、满足人体对能量和营养需求的饮食称

良好的营养是保持身体健康的重要因素。

为平衡膳食。健康的膳食还意味着既不能吃得过多，也不能吃得过少。

运动让身体保持健康强壮。忙碌的一天后，保持足够的休息和睡眠帮助我们重新变得精力充沛。让身体远离污垢有助于防止病菌侵袭，我们可以通过洗澡以及刷牙保持身体清洁。同时，请医生为我们进行体检也很重要。

注意自己的感受和情绪也是保持健康很重要的一部分。心理健康的人们对自己很满意，他们不会过度焦虑。当糟糕的事情发生时，他们也不会过于生气或悲伤。

运动让身体保持健康强壮。

延伸阅读： 情绪；运动；食物；营养学；姿势。

健忘症

Amnesia

健忘症的主要表现为失去记忆，可能是部分或完全失忆。完全失忆很罕见。

随着时间的推移，每个人都会忘记一些小事。但健忘症患者的记忆力存在很大的缺陷。患有健忘症的人无法回忆起过去的经历。这些经历可能是最近的，也可能是很久以前的。有些健忘症患者甚至可能会离家出走，四处游荡一段时间。

健忘症可能是由情绪波动、疾病或伤害引起的。在剧烈的情绪波动之后，人们可能会忘记那次经历。头部受到外力打击也可能导致记忆丧失。

医生会使用催眠来治疗因情绪波动而引起的健忘症，催眠使患者处于一种放松的心理状态。医生还会使用某些药物来治疗健忘症，这些药物可以帮助病人恢复记忆。一些疾病和伤害可能导致记忆无法恢复。

延伸阅读： 脑；催眠；记忆。

交流

Communication

交流指信息的共享。人们主要通过说和写进行交流。交流也可以不需要语言，比如微笑、皱眉或挥手等。

我们的日常交流大部分是个人交流，即一个人与另一个人或一小群人交流。大众传播则是与很多人共享信息。书籍是大众传播的一种形式，报纸、杂志、电视、广播和互联网也是如此。

大众传播并不总是涉及文字。艺术家通过绘画、音乐和舞蹈表演进行交流。

在家里，人们可以使用多种方式进行交流。时钟收音机可以在早上唤醒一个人，并告诉他今天的天气；电话可以使朋友间互相联系；报纸会报道世界各地发生的事情；人们也可以从电视和互联网上获取信息。

在学校，教师使用多种交流方式来帮助学生学习，包括讲座、课本、视频和计算机。

在办公室，人们使用电话或电子邮件进行通信，企业间沟通离不开计算机和互联网。数百万人在家中拥有计算机并接入互联网。

专家还不能确定语言是如何形成的。有些人认为是几十万年前，人们通过模仿动物的声音而产生了语言。

一旦人们开始使用语言，彼此交谈就成为沟通的主要方式。传统和习俗经常以长篇故事或诗歌的形式流传下来。

书面沟通始于绘画。人们一开始使用小图画代表事物，苏美尔人在公元前 3500 年左右创作了第一幅图画。

古罗马人通过手写的纸获取新闻，政府官员每天制作一些副本并张贴在公共场所。通常，由奴隶抄写这些纸，然后再把这些副本送到整个罗马帝国的读者手中。

手语是一种互相交流的方式，它使用手、身体和表情来传递信息。在这张照片中，一名妇女使用手语与一个聋哑男孩交流。

人们不仅用口语交流，还用手势、表情、肢体语言来交流。

在中世纪(400—1500),书籍由抄写员手工抄写。复制一本书可能需要数月才能完成。

印刷术是11世纪左右在亚洲发明的,欧洲人在15世纪学会了印刷术。

在17世纪,整个欧洲的商人都使用科兰特(corantos)——一种类似报纸的东西,它告诉人们哪些船只抵达以及船只装载了什么。

在19世纪早期,各种新发明使交流变得更快、更容易。使用蒸汽动力的印刷机可以更快、更便宜地印刷书籍;蒸汽船和火车可远距离传递新闻。

在19世纪30年代,美国发明家莫尔斯(Samuel F. B. Morse)制作了第一份电报。电报以点和横线的代码通过电线发送消息,这种代码被称为莫尔斯电码。1866年,第一条水下电报电缆横跨大西洋。

在19世纪后期,更多的发明促进了通信方式的改善,包括摄影、打字机、电话、留声机和电影放映机。

到19世纪后期,长途通信的最快方式是电报和电话。但是,这些消息只能通过电线发送。之后,科学家开始使用无线电波发射信号,这为我们提供了广播、电视和其他新的交流方式。

1895年,意大利发明家马可尼(Guglielmo Marconi)使用特殊仪器发送无线电信号,这就是第一台收音机,它以莫尔斯电码发送消息。1906年,加拿大科学家范信达(Reginald A. Fessenden)在马可尼的仪器上安装了一个送话器,并通过它用无线电波发送了第一句"话"。

1925年,苏格兰工程师贝尔德(John Logie Baird)首次向公众展示了电视。1936年,英国广播公司(BBC)制作了世界上第一个电视广播。到了20世纪50年代早期,电视台已经遍布美国各地。

在20世纪后半叶,许多新发明又进一步改善了现代通信。这些发明包括录像机、CD和DVD。互联网于20世纪60年代起源于美国。一开始,只有武装部队和计算机专家才使用它。随着万维网在20世纪90年代的发展,互联网变得更容易使用。到21世纪,人们可以轻松地在互联网上查询、交流和发布信息。互联网可以随时随地为人们提供大量信息,它正在改变我们的交流、生活、工作和学习的方式。

延伸阅读: 肢体语言;声带。

智能手机采用了先进的通信技术,它使人们可以即时发送和接收语音呼叫、音乐、视频和文本信息。

焦虑症

Anxiety disorder

焦虑症是一种精神疾病。焦虑症患者时常感到害怕或恐惧，这种害怕或恐惧可能从轻微到严重。焦虑症有多种类型。

焦虑是一种常见的情绪，往往伴随着紧张的感觉和逃离危险局面的冲动。当它帮助人们发现并逃避真正的危险时，焦虑是有用的。它还可以帮助人们应对挑战，比如发表演讲或在体育、音乐活动中表演。当焦虑干扰正常生活时，它就成了问题；当它在没有危险的情况下发生时也会产生问题。

焦虑症通常采用药物疗法和心理疗法。在心理治疗中，患者逐渐学会直面他们的恐惧，并努力克服它们。

延伸阅读： 抑郁；情绪；精神疾病。

角膜

Cornea

角膜是眼球的透明部分，覆盖虹膜和瞳孔。虹膜是眼睛的有色部分，瞳孔是虹膜内的黑色圆孔。角膜与巩膜相连，巩膜是眼睛的白色部分，和角膜一起构成眼球的外壁。

角膜允许光线进入眼球。眼睛通过光线看清物体。

角膜自身不会产生水分，它从眼睛里的液体（房水）中获得水分。

延伸阅读： 眼睛；虹膜；视觉。

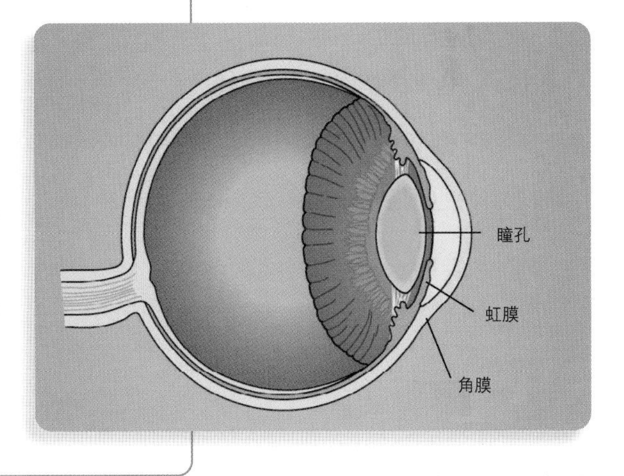

角膜是眼睛的透明部分，覆盖虹膜和瞳孔。

脚

Foot

脚是腿的末端用于站立及行走的器官。人和许多动物都有脚。

一些动物用四条腿走路，它们的前脚和后脚非常相似。人和其他一些动物则用两条腿走路，他们的脚比手更重也更强壮。

人的脚有 26 块骨头，其中有 7 块是踝骨，有 5 块在脚背或脚的中部，另外 14 块则是趾骨。

踝骨构成了脚踝、脚后跟和脚背。脚背连接脚踝和趾骨，趾骨则在脚掌处与脚背连接。

脚内的骨头形成三个弓形结构。其中有两个是纵向的，第三个则横亘脚底。当人们行走时，足弓就像弹簧一样，一层软骨覆盖在骨头的两端，帮助吸收冲击，肌肉和韧带则支撑着足弓。韧带帮助将骨头固定到位，并保护脚的内部结构。脚底还覆盖有一层脂肪和一层厚而坚韧的皮肤。

延伸阅读： 脚踝；骨；软骨；扁平足；腿；韧带；足病学；骨骼。

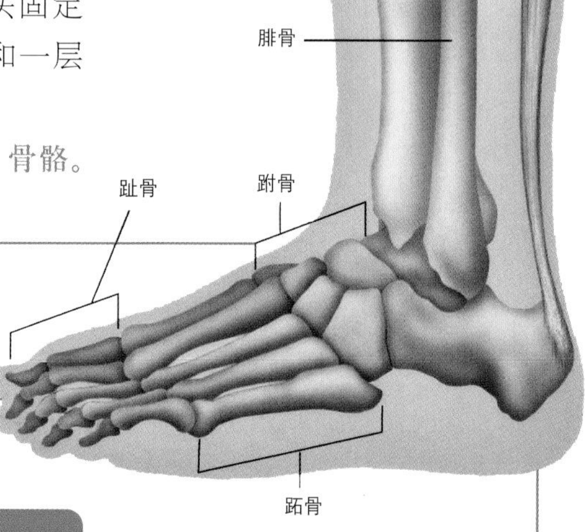

脚的骨头

脚踝

Ankle

脚踝是小腿与脚的交接部。内有踝关节，使得脚可以上下左右运动。

每条腿都有两个骨凸起——每侧一个。这些凸起是由小腿骨（胫骨和腓骨）的末端形成的。腿骨下面是七块跗骨，约占脚的一半长。最高的跗骨称为距骨，顶部位于胫骨和腓骨末端之间，像铰链一样在它们之间移动。跟腱将最大的跗骨——跟骨和小腿腓肠肌群相连接。

跗骨中的三个小关节使脚能够横向运动。韧带将跗骨与腿骨、后部足骨以及其他跗骨相连。韧带撕裂会导致踝关节扭伤。

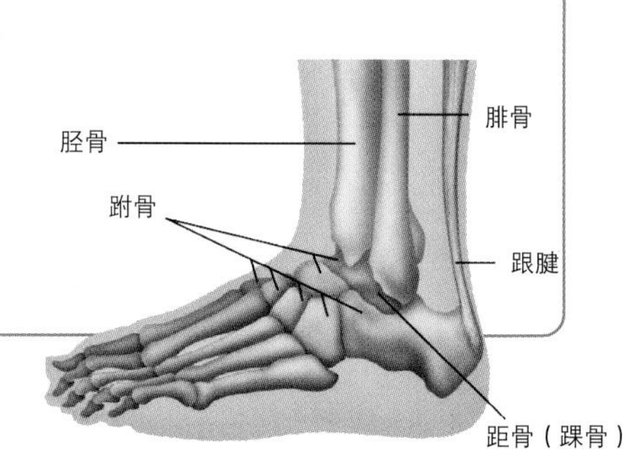

踝关节包括许多能够使脚移动的骨头。

结肠

Colon

结肠是大肠的一部分，大肠的功能是运输体内的固体废物。结肠是一个长约 1.5 米的中空管，用于消化、分解食物以获取能量。

小肠会消化大部分食物。剩下的物质进入盲肠，即大肠的第一部分；随后就会进入结肠。结肠壁从剩余物质中吸收水和盐，因为机体的正常运转需要这些物质；剩下的成为废料，进入直肠，这是大肠的最后一部分。废料通过直肠排出体外。

延伸阅读： 肛门；消化系统；肠。

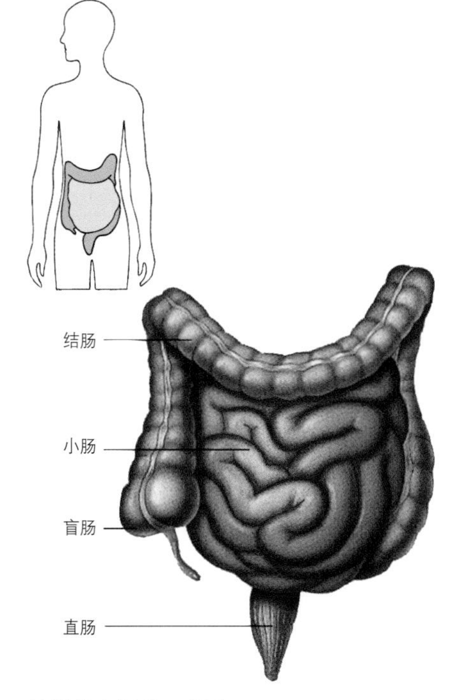

结肠是大肠的一部分。

结核病

Tuberculosis

结核病是一种主要影响肺部的疾病，也可影响其他脏器。结核病是由一类可以在人与人之间通过咳嗽或打喷嚏等方式传播的细菌引起的。

结核病曾是世界上最常见的死亡原因之一。今天，更好的预防和治疗方法减少了结核病的患病人数和死亡人数，但结核病仍是一些地区的一大难题。

几乎所有年龄和种族的人都能感染结核病。流浪汉或患有其他疾病的体弱者，比如癌症或艾滋病患者，更容易感染。

延伸阅读： 细菌；咳嗽；疾病；肺；呼吸；打喷嚏。

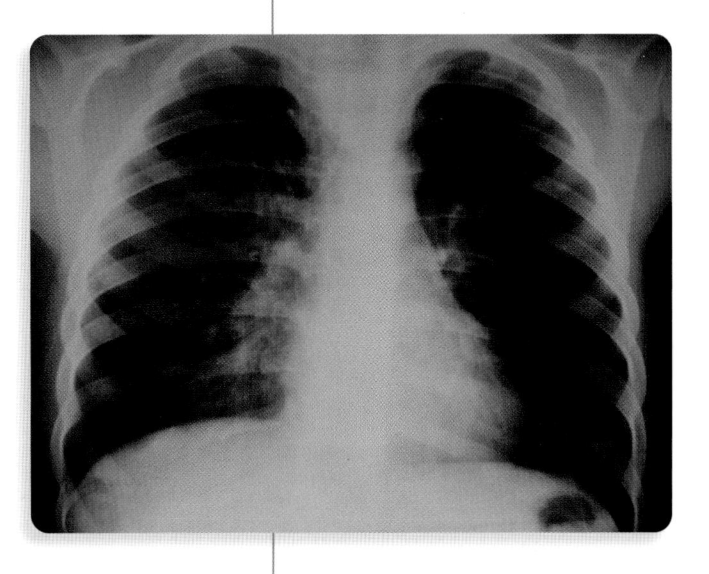

在这张 X 光片中可以看到一位结核病患者的肺部有感染组织硬块。

结膜炎

Conjunctivitis

结膜炎亦称红眼病，是引起眼睛发红且疼痛的疾病。主要在眼球和内眼睑部位出现症状。结膜炎可能由细菌、病毒或其他病菌引起，也可能由过敏或化学灼伤引起。多数由细菌引起的结膜炎可在人与人之间传播。

结膜炎可能导致眼睛灼热、瘙痒、流泪和发红。黄白色的脓液可能会从眼睛中渗出，导致眼睑粘在一起。

多数情况下，由细菌引起的结膜炎在几天内就可治愈，医生会使用抗生素来治疗这种疾病。很多时候，结膜炎可以自愈。

某些类型的结膜炎可能持续很长时间，并影响眼睛的其他部分。这种情况可能使人的视力受到损害。化学物质引起的结膜炎可导致严重的眼部损伤。

延伸阅读：抗生素；疾病；眼睛；病原微生物；视觉。

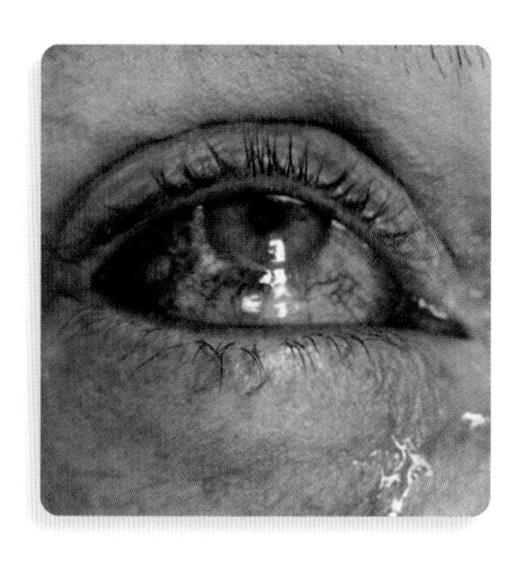

结膜炎会使得眼球和内眼睑变红且出现疼痛。多数结膜炎是由在人群中传播的细菌引起的。

解剖学

Anatomy

解剖学是研究身体及其各部位的学科。早期科学家通过解剖身体来学习解剖学。

解剖学有很多分支。大体解剖学研究的是大到可以用肉眼看到的身体部位；显微解剖学研究在显微镜下才能看到的身体部位，也被称为组织学；比较解剖学是对不同动物的身体进行比较。

人体解剖学是研究人体骨骼、肌肉、神经和身体其他部位的学科。医生和其他医护人员必须学习人体解剖学。他们必须了解身体如何运作。

解剖学的研究始于古代。在公元 2 世纪，古罗马医生盖伦首次对人体的多个部位进行描述。1543 年，第一本关于人体解剖学的书出版，该书由欧洲科学家维萨里编写。

延伸阅读： 盖伦；人体；医学；维萨里。

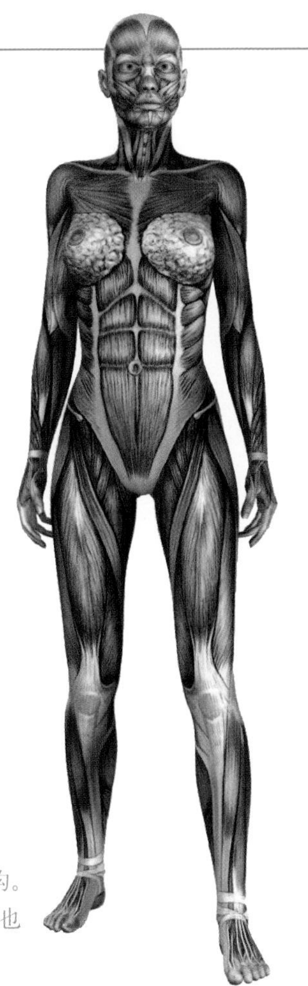

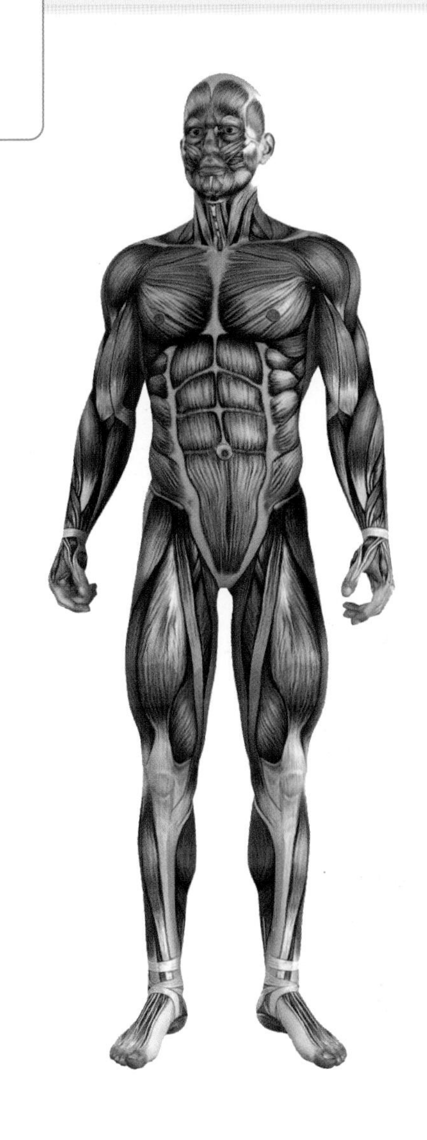

这些图显示了人体肌肉的大体解剖结构。大体解剖学研究的是大到不用显微镜也可以看到的身体部位。

界

Kingdom

界是科学分类法中最大的单位，是一大类有联系的生物。

一个界中的生物都具有某些共同的基本特征，因为它们有着共同的祖先。例如，人类属于动物界。这个界的成员都有多个细胞，并且必须吃食物才能生存和生长。相比之下，几乎所有的植物界成员都自己制造食物。此外，还有由单细胞生物组成的界。

延伸阅读： 科学分类法；人类。

进化

Evolution

进化是一种科学概念，生命通常会在很长一段时间内发生变化或演变，这种变化即为进化。进化后的不同生物称为物种。进化论解释了生物多样性的原因，描述了物种如何随时间而变化，也解释了生物如何适应它们周围的环境。

许多进化是通过自然选择发生的。在自然选择过程中，物种中的部分成员生来就有不同特性。某些特性有助于该个体的生存和繁衍，它们可以将这些特性遗传给后代，而没有这些特性的个体生存繁衍的可能性降低。通过这种方式，这些有助于物种生存的特性也随着时间推移变得更加普遍。

例如，大多数成年动物不能喝奶，喝奶使它们不舒服，但是许多成年人类都可以喝奶。科学家认为人类大约是在 10000 年前进化出这种能力的。也是大概在这个时候，人类开始养殖产奶动物，如牛和羊。那时只有一小部分成年人类可以喝奶，这种能力也意味着这部分人可以获得更多的食物，这些多出来的食物帮助他们生存并繁衍后代。随着时间的推移，成年后可以喝奶的人类越来越多。就这样，自然选择塑造了人类的进化。

个体生来具有不同特性，部分原因是基因的变化。基因是细胞内部指导生物生长的化学指令。人类可以将基因遗传给后代。但是有时基因会发生突变。突变可以产生新的特性，而自然选择决定这些特性能否成为普遍特性。

进化也可以产生新物种。事实上，进化论认为所有的物种都是由某一种生命进化而来。科学家认为最初的生命起源于 35 亿年前，它是地球上现在数百万种物种共同的始祖。因此，所有的生物之间都是有一定亲缘关系的。关系较近的物种往往拥有一个相对近期的共同祖先，例如，黑猩猩、大猩猩和人类有很近的亲缘关系，科学家认为三者由生活在 1000 万～ 400 万年前的共同祖先进化而来；人类与爬行动物亲缘关系较远，科学家认为两者由生活在 3 亿年前的共同祖先进化而来。

鲸的骨骼与陆生哺乳动物的骨骼具有共同的关键特征，这一证据告诉科学家鲸是由陆生哺乳动物进化而来的。

新的物种通过多种方式产生。一种情况是物种的成员被某些障碍隔离开，比如动物有时会到达海洋上的岛屿，这些动物不再与原来陆地上居住的成员接触，自然选择可能使岛上动物产生不同的特性。随着时间推移，岛上的动物可能和原来大陆上居住的动物变得完全不同，最终成为新的物种。

1859 年，英国科学家达尔文在他撰写的《物种起源》一书中首次提出自然选择的进化论观点。随后，他又在《人类起源及性选择》（1871 年）中介绍了人类的进化，并列举了人类与猿类具有亲缘关系的证据。现在，几乎所有的科学家都相信进化论是正确的，但是一些人因为信仰原因不接受进化论。

延伸阅读：神创论；达尔文；基因；生命。

进化论认为所有的生物都来自一个共同的始祖。黑猩猩（左图）与人类（右图）拥有许多共同的生理特征。科学家认为人类与黑猩猩由生活在几百万年前的共同祖先进化而来。随着时间的推移，每种物种都进化出不同的特性，正是这些特性使得每个物种都是独一无二的。

进食障碍

Eating disorder

进食障碍是指任何在饮食、体重和自身形体认知等方面产生焦虑心理或不健康行为的疾病。包括神经性厌食症、贪食症和其他相关疾病。患有神经性厌食症的人体重偏低且往往进食量非常少，许多患者甚至体重严重减轻。而患有贪食症的人则往往会在一段时间内过度饮食，这一时期被称为暴食期，随后他们往往会通过催吐防止体重增加。

进食障碍可以导致严重的健康问题，甚至危及生命。该疾病在女性中远比男性中普遍。发病时期通常是在青少年或 20 岁出头时，但也可见于儿童时期以及年长时期。科学家认为，当前社会以瘦为美的观念在进食障碍的发展中起到一定作用，但是其他因素也可能导致该病。卫生专业人员认为进食障碍是一种精神疾病，他们通常用谈话疗法治疗进食障碍。医生也可使用药物来治疗该病。

延伸阅读：神经性厌食症；贪食症；食物；精神疾病；呕吐。

近视

Nearsightedness

近视是一些人在看远处物体时存在的问题。近视的人看近的东西很清楚，但看远的东西很模糊。

人们通常是因为天生的眼球形状与其他人略有不同而变得近视。近视人群的眼球从前到后的距离比正常人长一点。

医生可以通过让近视的人戴眼镜或隐形眼镜来帮助他们看得更清楚。隐形眼镜是由特制的塑料制成的小片，可以直接放置在眼睛表面。医生还可以用激光手术矫正近视。

延伸阅读： 隐形眼镜；眼睛；眼镜；远视；视觉。

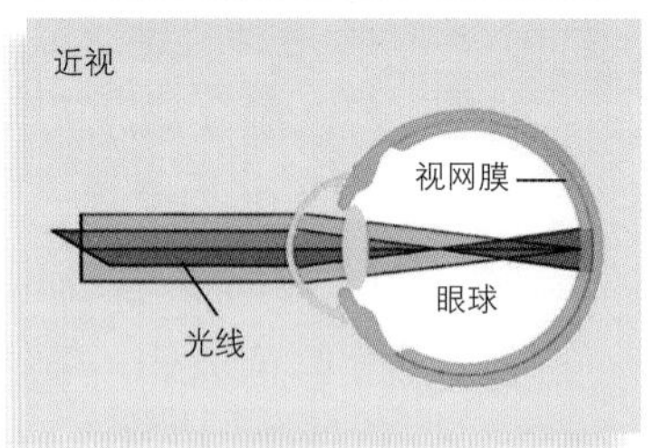

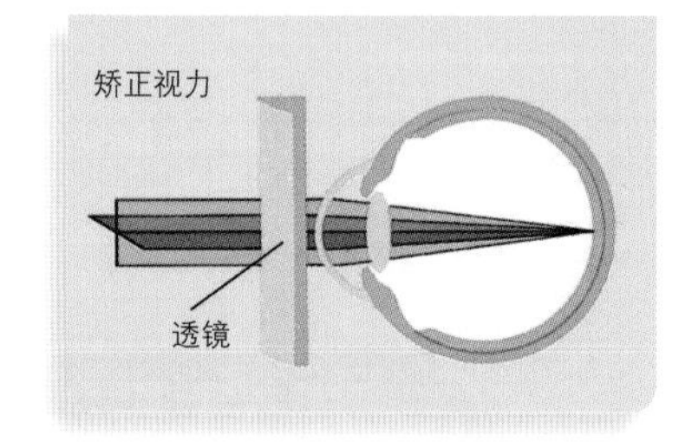

近视的人看远处物体模糊，但看附近物体很清晰（顶部图）。来自远处物体的光线在到达视网膜之前聚集时，就会发生这种情况。戴凹透镜眼镜或隐形眼镜可使光线聚集在视网膜上，矫正近视。

精神病学

Psychiatry

精神病学是研究心理健康及其相关问题的医学分科。大多数医生在病人身体得病或受伤时帮助他们，而精神科医生会在人们出现心理问题时提供帮助。

精神科医生可以治疗各种有心理问题的病人，如果有人一直感到不快乐，或是听到或看到一些不存在的事物，又或者因为其他问题没办法过正常的生活，他们都可以去寻求精神科医生的帮助。

精神科医生可以通过交谈来帮助病人解决问题，也可以给病人用药，让他们感觉好一点。

一位精神科医生正在治疗一个有行为问题的孩子。

精神分裂症

Schizophrenia

精神分裂症是一种严重的精神疾病。精神分裂症患者的思维无法预测。精神分裂这个词的意思是思想分裂,意味着思想与现实分离。它并不意味着一个人有一个以上的人格。

精神分裂症是最常见的精神障碍之一。它通常在十八九岁到二十五岁左右发病,男性较女性稍早,并且男性的症状往往更严重。

许多精神分裂症患者表现得好像生活在一个幻想世界。他们能听到别人无法听到的"声音"。患者可能认为"声音"是来自重要人物的消息,甚至来自上帝。一些精神分裂症患者可能表现出奇怪的情绪,比如在应该悲伤时大笑。一些患者渐渐疏远家人和朋友。

医生不知道是什么原因导致精神分裂症。他们知道它与大脑中的一些化学物质有关,但并不排除与其他因素也有关。

科学家已开发出可降低疾病影响的药物。因此,大多数患者不必住院治疗。

延伸阅读: 情绪;精神疾病;思想;精神病学。

精神疾病

Mental illness

精神疾病是任何影响人的思想、情绪、人格或行为的心理或脑部疾病。精神疾病有很多种。

抑郁是精神疾病中最常见的一种。所有人都会有感到难过的时候,但当悲伤的感觉持续太长时间时,它就被认为是一种精神疾病了。

精神疾病的症状包括情绪的极端变化,如悲伤或忧虑,也包括难以清晰地思考。几乎每个人都会时不时地有情绪变化或难以清晰地思考问题,但精神疾病患者通常症状更严重。这些症状可能使其很难或无法进行日常活动。

精神疾病有多种病因。一些精神疾病是由于疾病或受伤导致的脑部生理变化。脑中的化学物质失衡可能会引发其他精神疾病。社会因素在某些精神疾病中也起一定作用。

精神疾病患者可能会对自己的疾病感到羞耻和尴尬。过去，人们对精神疾病患者的反应是恐惧和厌恶。如今，卫生专业人员对精神疾病有了更深的了解。大多数精神疾病患者可以通过治疗恢复正常生活。

延伸阅读： 酗酒；健忘症；神经性厌食症；焦虑症；自闭症；脑；贪食症；临床心理学；抑郁；残疾；进食障碍；弗洛伊德；思想；恐惧症；精神病学；心理学；精神分裂症；自杀；镇静剂。

静脉

Vein

静脉是将血液从机体各部运回心脏的血管。

静脉与动脉相反，动脉是将新鲜血液运出心脏的血管。与动脉壁相比，静脉壁较薄。

静脉中的血液通过心脏右侧到达肺部。在那里，它留下二氧化碳，当我们呼气的时候，肺就会将二氧化碳排出。当我们吸气时，我们通过肺部吸收氧气。心脏将携带氧气的血液通过动脉泵回体内。

延伸阅读： 动脉；血液；血管；毛细血管；二氧化碳；循环系统；心脏；呼吸。

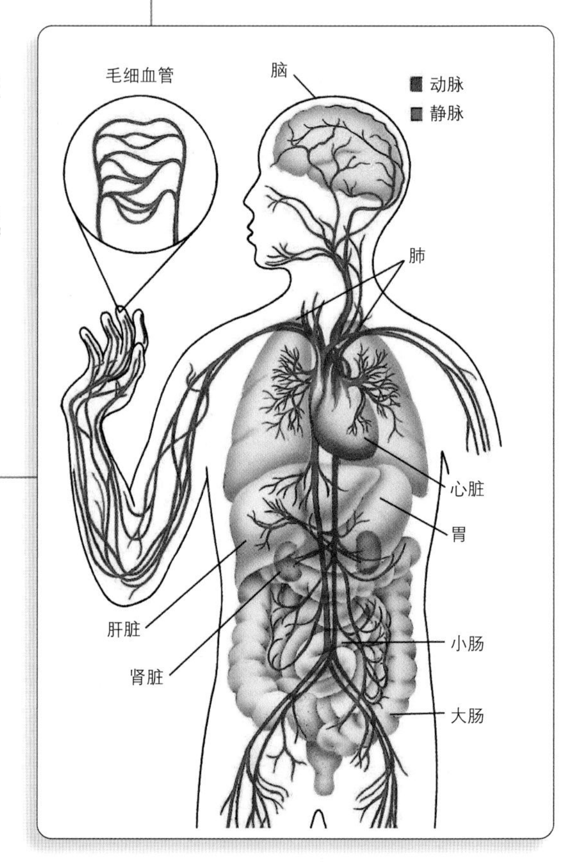

静脉是指将血液运回心脏的血管。动脉将血液运出心脏。毛细血管将静脉与动脉连接起来。

咖啡因

咖啡因是一种具有兴奋作用的化学物质。它能让人感觉更清醒。

咖啡因存在于一些植物的某些部分里，例如咖啡豆和茶叶，因此人们喝的咖啡和茶水中也有咖啡因。某些食物，比如巧克力，也含有咖啡因。另外，咖啡因也会被添加到一些软饮料、能量饮料以及其他饮品中。

许多成年人会在清晨喝咖啡，其中的咖啡因让他们变得更为清醒。但过多的咖啡因会引起紧张或者失眠，还可能导致头痛和胃病。但咖啡因也有可利用的地方，医生有时使用咖啡因来解决哮喘等呼吸问题。

延伸阅读： 头痛；睡眠。

卡路里

卡路里是一种衡量物质中热量的单位。也可用于衡量食物中的能量。机体将食物消化分解成各种化学成分，而这些化学成分会进入人体细胞，为细胞的工作提供所需的能量。换句话说，身体“燃烧”卡路里以获得学习、玩耍等活动所需的能量。在化学中，卡路里的符号为 cal。而在许多食品容器上列出的热量单位实际上是“千卡”，符号为 Cal，1 千卡等于 1000 卡路里。千卡通常被称为食物热量。

不同的人需要的能量也不同。例如，每天进行体育运动的人通常比只玩电子游戏的人需要更多的热量。儿童因为正处于生长发育阶段，所以需要更多的热量。

如果一个人摄入过多的卡路里，身体会将一些额外的能量转化为脂肪，并储存在体内。储存大量的脂肪会使人肥胖，太多的脂肪不利于保持身体健康。

想要减肥的人必须减少卡路里的摄入。锻炼也会燃烧卡路里，帮助减掉脂肪。

“卡路里”是热量的非法定计量单位。法定计量单位是“焦”。1 千卡 =4186.8 焦。

延伸阅读： 饮食；脂肪；食物；健康；肥胖；体重控制。

食物	热量（千卡）	消耗该能量需要行走（约 4 千米 / 时）的时间（分钟）	消耗该能量需要骑行（约 14.5 千米 / 时）的时间（分钟）
一个苹果	125	34	20
一罐青豆	25	7	4
一块巧克力蛋糕	235	64	38
一个汉堡 / 三明治	245	67	39
一杯低脂牛奶	120	33	19
1/8 块 15 英寸（38 厘米）披萨	290	79	46

该表显示了一些食物的热量以及体重 70 千克的人通过步行或骑自行车消耗它们所需的时间。

抗毒素

Antitoxin

抗毒素是一种由活细胞产生的物质。它有助于抵抗由毒素引起的疾病，毒素是由生物（如细菌）产生的毒物。医生使用抗毒素治疗破伤风、炭疽和白喉等疾病。这些疾病是由体内细菌产生的毒素引起的。一种叫作抗蛇毒血清的抗毒素可用于治疗毒蛇咬伤。

许多抗毒素是通过动物制成的，例如马或兔子。将毒素注入动物的血液中，动物体内产生抗毒素并进入血液循环，可将抗毒素取出并纯化以注射给患者。

延伸阅读： 炭疽；白喉；毒物；破伤风；毒素。

抗生素

Antibiotic

抗生素是一种可以杀死某些细菌或阻止它们生长的药物。抗生素可以对抗人类和动物的多种疾病。

抗生素有很多种，其中很多是在自然界中发现的。某些细菌和真菌能产生天然的抗生素。细菌是只能通过显微镜才能被我们看到的微生物，真菌是生长在其他生物上的霉菌或蘑菇等生物。制药公司用化学品制造其他抗生素。

不同的抗生素可以治疗不同的疾病。抗生素对治疗细菌引起的感染最有效，对感冒、流感或其他由病毒引起的疾病没有疗效。病毒是一种极小的微生物，可以在生物细胞内繁殖。

一些抗生素用于治疗由原生动物这种单细胞生物引起的感染，另一些抗生素用于治疗癌症。癌症是一种导致细胞增殖失控的严重疾病。

第一批抗生素于20世纪40年代问世。因为治愈了许多通常会导致死亡的疾病和感染而被称为“灵丹妙药”。

抗生素有时会引发问题。有些人对某些抗生素过敏，这些抗生素会使病情加重。此外，一些致病的细菌可能对抗生素产生抗性，抗生素不再起效。科学家正试图寻找新型抗生素，这种抗生素既安全又能对抗更多种类的细菌。

延伸阅读： 细菌；癌症；钱恩；药物；弗莱明；弗洛里；病原微生物；青霉素；病毒。

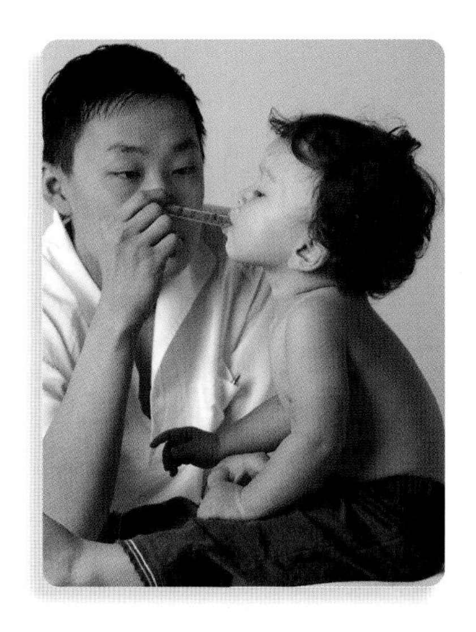

医生用口腔注射器给儿童注射小剂量的液体抗生素。

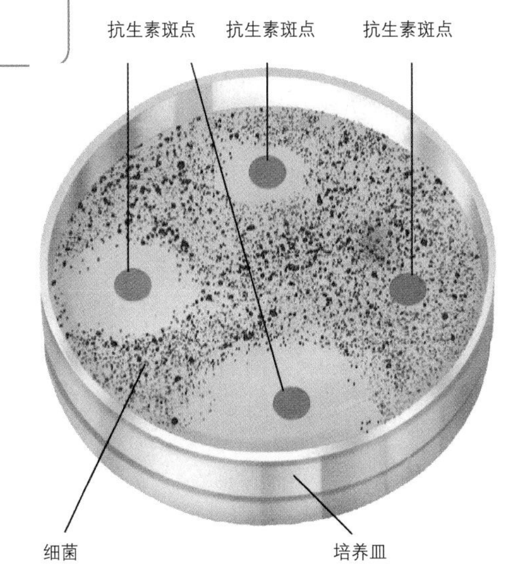

抗生素可以在培养皿中测试，培养皿中有一种带有菌落的果冻状物质。

抗体

Antibody

抗体是人体内抵御疾病系统的组成部分，由蛋白质组成。人体细胞的很大一部分是由蛋白质构成的。抗体有助于保护我们免受细菌和细菌产生的毒物的侵害。抗体太小，肉眼看不见。它们存在于我们的血液中。鼻部、眼泪和消化系统中也有抗体。

当细菌入侵时，白细胞会产生抗体。抗体附着在细菌上，帮助其他白细胞消灭细菌。机体针对每种细菌产生不同的抗体。

抗体会攻击任何不属于机体自身的物质。对于需要移植心脏、肝脏或其他身体器官的人来说，这是一个问题。医生必须给这些人服用药物以防止他们的抗体攻击移植的器官。

延伸阅读： 过敏；抗原；疾病；病原微生物；免疫系统；免疫接种；白细胞。

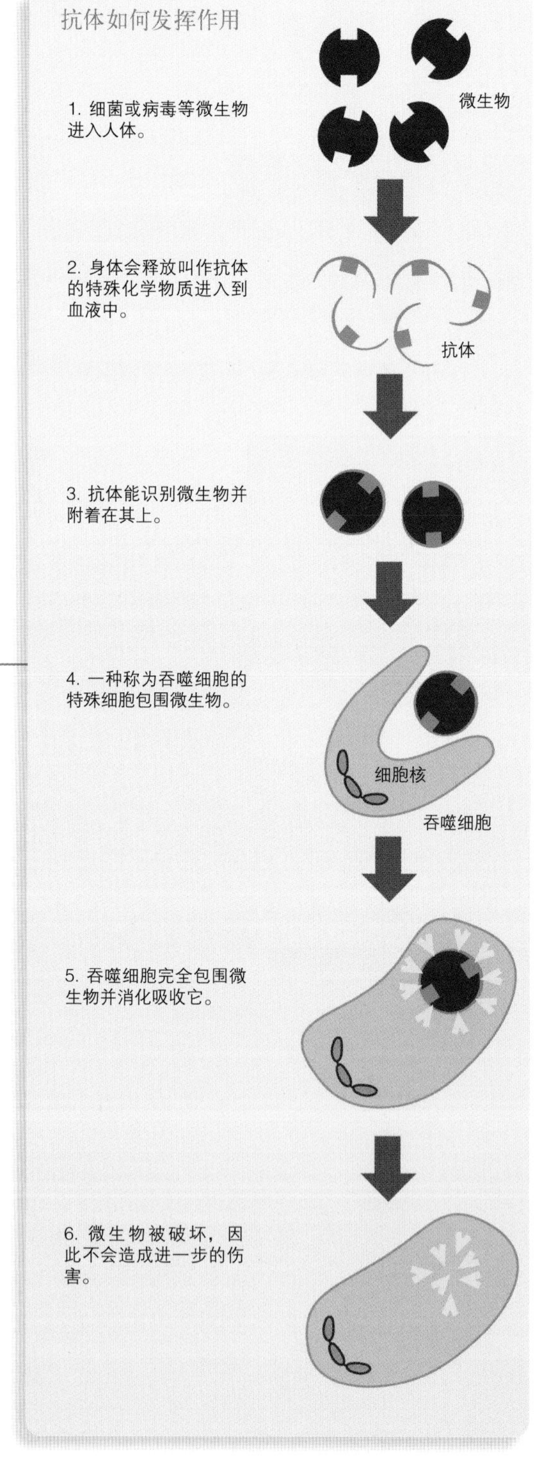

抗体会攻击任何不属于机体自身的物质。例如，当抗体攻击吸入体内的植物花粉时，会发生花粉症。花粉症的症状包括眼睛流泪、发红、发痒和鼻塞流涕。

许多食物中都含有丰富的抗氧化剂。蔬菜，水果，甚至巧克力和茶都是抗氧化剂的良好来源。

抗氧化剂

Antioxidant

抗氧化剂是一种有助于保护体内细胞免受损伤的化学物质，能阻止氧化的影响。氧化是一种有氧气参与的化学反应。体内氧化会产生一种叫作自由基的物质，自由基会破坏细胞。辐射、香烟烟雾和空气污染也产生自由基。维生素 C 和维生素 E 是两种抗氧化剂。

抗氧化剂可保护细胞免受自由基的损害，而科学家认为这种损害可能是衰老的原因之一，此外还可能导致诸如癌症、心脏病和其他与衰老相关的疾病。

人体自身可产生一些抗氧化剂，但许多抗氧化剂都是从食物中获得的。水果和蔬菜是抗氧化剂的良好来源。柑橘类水果——如橙子和柠檬——富含维生素 C。维生素 E 存在于许多植物油和坚果中。抗氧化剂存在于许多暗黄色、橙色或绿色的植物性食物中，如胡萝卜和菠菜。

延伸阅读： 衰老；细胞；食物；维生素。

抗原

Antigen

抗原是进入体内的有害物质，会使人生病。抗原有很多种，包括细菌、病毒和毒物。

当抗原进入身体时，身体会进行反击。身体产生一种叫作白细胞的特殊细胞。这些细胞经血液循环，当它们发现抗原时，就会攻击抗原。身体会产生不同种类的白细胞来抵抗不同种类的抗原。

有时，身体会在抗原造成危害之前就将其击退。在其他情况下，身体需要很长时间才能对抗抗原。在与抗原的对抗过程中，人可能会感到不舒服。一些药物有助于身体对抗抗原。

延伸阅读： 抗体；病原微生物；免疫系统；毒物；白细胞。

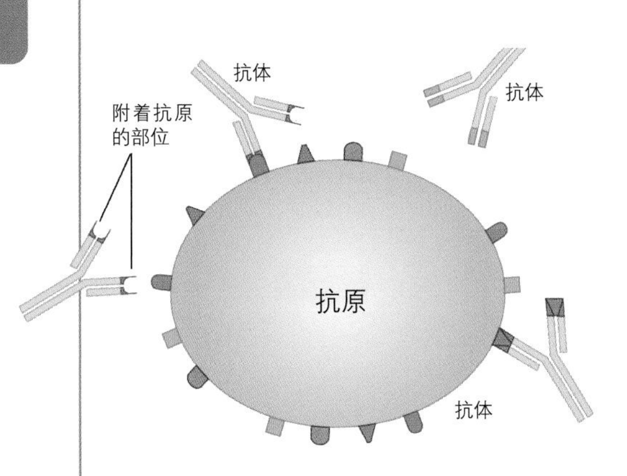

当抗原进入身体时，身体会进行反击。微生物入侵时，白细胞会产生抗体。抗体附着在微生物表面，帮助其他白细胞消灭它们。

抗组胺剂

Antihistamine

抗组胺剂是一种药物。人们服用抗组胺剂来缓解过敏症状。患有过敏症的人会对某些东西反应异常，例如对宠物毛发或某些食物。他们的眼睛可能会因此变红、皮肤可能会变红或肿胀、鼻子可能会发痒或流涕。在严重的情况下，患者可能会病得很重。

抗组胺剂可以对抗体内一种叫作组胺的化学物质的影响。过敏导致身体产生过多的组胺，正是组胺引发了过敏反应。

抗组胺剂可以让人感到困倦，所以有些人在睡眠困难时会服用抗组胺剂。

一些抗组胺剂用于治疗晕动病。晕动病是指有些人因为移动颠簸而感到不适，常见于乘坐汽车、轮船或飞机时。

延伸阅读： 过敏；药物；晕动病；睡眠。

抗组胺药鼻喷剂有助于对抗引起鼻部瘙痒和流涕的过敏症。

考古学

Archaeology

考古学是研究古人及其生活方式的学科。考古学家研究古代人类遗留下来的物品。

考古学家研究箭镞、罐子和珠子，还研究古人建造的房屋、运河和其他东西，也研究从古人使用过的物品中所发现的种子和骨头。

考古学家发现这些东西的地方被称为遗址。有些遗址在地面上，其他的则埋在地下或水下。当考古学家寻找到一个遗址时，他们会对它进行调查，包括测量、制作地图

考古学家在一座古城遗址中挖掘。他们寻找物品残骸以了解很久以前人们的生活方式。

和拍照。然后他们会将遗址划分为若干小方格，每次勘察一个方格。

当考古学家在遗址表层发现物品时，他们会记录每件物品发现的地点，然后进行挖掘以寻找其他物品。有时他们会使用像拖拉机这样的重型设备，有时会使用小镐头和刷子。在水下作业时，他们还需用到特殊装备。

考古遗址甚至可以在水下。这名潜水员在埃及亚历山大港标记出雕像的位置。

考古学家会对他们所发现的东西进行分类。他们根据物品的外观、制作方式以及使用方式对物品进行分组。他们还试图探明物品的年代，然后用所学到的知识来弄清某些事情，比如人们在这个地方生活了多长时间、吃了什么、如何储存食物，以及有多少人住在这里等。

延伸阅读： 人类学；科学。

科

Family

科是科学分类法中的单位之一，指一大群彼此相关的生物。

在科学分类法中，科是一大群彼此相关的生物。人类和猩猩都是人科中的成员。

生物学界根据七级主要分类单位对每种生物进行分类，这些单位从大到小分别是：界、门、纲、目、科、属和种。每个单位由排在其后的单位组成。单位的级别越低，其中的生物也越相近。

同一科中各生物间的关系要比同一目中生物间的关系更紧密，但是又比同一属中生物间的关系疏远。

科的种类有很多。例如，人类属于人科，狗属于犬科。

延伸阅读： 科学分类法；属。

科赫

Koch, Robert

罗伯特·科赫（1843—1910）是一位德国医生。因发现导致肺结核的细菌而获 1905 年诺贝尔生理学或医学奖。肺结核是一种致命的肺部疾病。

科赫出生于德国汉诺威附近的克劳斯塔尔镇。在成为一名医生后，科赫对炭疽产生了兴趣。炭疽是人类和动物都可能感染的疾病。科赫鉴定了引起炭疽的细菌。科学家仍在遵循他确定炭疽的步骤。

科赫还发现了引起霍乱的细菌。霍乱是由被污染的水或食物引起的疾病。

延伸阅读： 炭疽；细菌；结核病。

科赫

科学

Science

天文学是研究宇宙的科学。一些天文学家使用巨大的望远镜观察太空中遥远的物体。

科学是研究事物发生的原因和方式的知识体系。它包括人们为了解世界（特别是自然）所做的一切。科学家研究许多不同的学科。例如，他们试图了解宇宙是如何产生的，植物和动物如何生活和成长。

科学在我们如今的生活中扮演着重要的角色。大部分现代技术的基石都是科学。技术包括所有让我们的生活更轻松的工具、材料、机器和能源。

现代科学技术改变世界的方式表现在很多方面。飞机、汽车、计算机、塑料和电视只是科学和技术带给我们的改变中的一小部分。农民可以种植更多的农作物，因为科学家创造了更优秀的植物品种和更好的肥料。新药可以帮助医生治疗更多严重的疾病。

然而，科学技术也引发了一些严重的问题：工厂和汽车造成了空气污染和水污染，核武器威胁着数百万人的生命。

科学可以分为四个主要分支，分别是：(1) 数学；(2) 自然科学；(3) 生命科学；(4)

考古学是研究人类文化的科学。这位考古学家在研究佛教遗址。

社会科学。

数学是所有科学研究必需的工具。科学家用数学来描述他们的工作和发现，还用数学来预测未来可能发生的事情。

自然科学是对我们周围物质世界的研究，包括基础物理学和化学，还包括研究物质世界某一特定部分的科学，如研究外太空的天文学，研究地球的地质学，研究海洋的海洋学。科学家还研究这些事物的运行规律。

生命科学是研究生物的科学，也称生物学。一些生物学家研究生物的各个部分以及它们之间是如何协作的，另一些则研究生物是如何将自己的外观和行为模式传递给子代的。一些生物学家研究某些特定类型的生物，如鸟类或鱼类，另一些则研究在特定环境中的某些生物，例如，海洋生物学家研究海洋中的植物和动物。

社会科学与人打交道，研究人际关系以及人们如何对待别人。社会科学家研究人类生活的许多领域。他们研究我们的外表和功能，我们如何生产商品和使用金钱，如何制定和遵守法律，以及我们的想法和感受如何影响我们的行为。

科学家在工作中采用了科学方法。其中，最古老的科学方法就是仔细观察自然。例如，古埃及人和其他早期人类通过观察恒星和行星的运动规律，来帮助他们认识季节。

实验是科学研究的另一个重要的步骤。科学家通过实验来检测他们的猜想并了解自然法则。在16世纪后期，意大利科学家伽利略通过实验研究物体

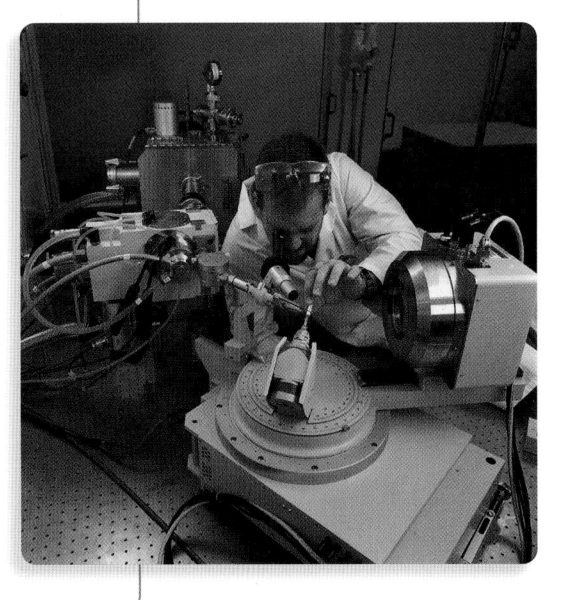

一位科学家用X射线散射相机校准样品。现代科学经常利用复杂的技术。

下落时是如何加速的。在实验中，伽利略将不同重量的球沿斜坡滚下并计算到达底部的时间。实验结果表明所有下落的物体以相同的速度加速。

科学研究的另一个步骤是假设。假设是关于科学实验结果的猜想。科学家利用他们已有的信息形成一个假设，然后做实验来验证假设。

从很早以前，人们就想更多地了解周围的世界。数千年前，人们学会了计数，并且通过编造故事来解释日出和日落。他们研究猎物的行为方式，知道了一些植物可以用作药物和一些简单的常识。了解这些事情是科学的开始。数学和医学是最早的科学，然后是自然科学、生命科学和社会科学。

几个世纪以来，科学家已经对我们的世界做了深入的研究。现今和未来的科学发展将会告诉我们更多有关宇宙万物的信息。

但是，人们对科学技术的应用方式各执己见。将来，人们需要共同努力以确保科学知识得到最合理的利用。

延伸阅读： 航空航天医学；动物实验；人类学；考古学；生物学；生物医学工程；科学分类法；遗传学；医学。

生态学家正在小溪中采样。生态学是一门研究生物和其生存环境的科学。

科学分类法

Scientific classification

科学分类法是科学家用来将植物、动物和其他生物分成不同群体的方法。在同一群体中的生物在某些方面都是相似的。例如，动物构成了一个主要群体，因为它们具有许多共同的特征。一个重要的相似之处是动物必须摄入食物才能生长和存活，它们不能像大多数植物那样自己制造养料。植物则构成了另一个主要群体。将生物分类成群的科学也称为分类学。

科学家研究了许多特征来决定如何对生物进行分类。他们观察生物是如何获取食物的；研究生物的形状和结构；还会考虑生物如何繁殖。今天，科学家用来对生物进行分类的最重要方法之一是基因检测。基因是细胞内的微小结构，它决定了生物体的生长方式。密切相关的生物有许多相同的基因。

每种特定的生物都有一个学名，学名通常用拉丁语或希腊语表示，包含两个部分。第一部分描述生物所属的属。第二部分描述所在的种。人类的学名是智人（*Homo sapiens*）。

每个种都有一个唯一的名称。在一个属中通常有两个或更多个不同的种。人类是人属中唯一还生存着的物种，虽然被称为尼安德特人的古代人也属于人属，但他们在大约35000年前就灭绝了，他们是现代人的近亲。一个属的成员有许多相似之处。

科学分类系统由七个主要单位构成。从大到小排列为界、门、纲、目、科、属、种。每个单位都由后面的小单位组成。例如，一个纲可以由许多不同的目组成；目可以由许多不同的科组成。单位越小，其生物的关系就越密切。

人类所属的门是动物界中由脊椎动物组成的脊索动物门。人类所属的纲是由哺乳动物组成的哺乳纲。哺乳动物全身被毛，用母乳喂养子代。人类所属的目是灵长目，它还包括猿类、猴和类似动物。人类所属的科是人科，它还包括黑猩猩和大猩猩。人类所属的属和种是人属和智人。

延伸阅读： 纲；目；基因；属；人类；界；科；门；物种。

类别	包含的物种
种：智人	现代人类
属：人属	现代人类和已灭绝的人类
科：人科	人类和类人猿
总科：人猿总科	人类和所有猿类（类人猿和长臂猿）
下目：类人猿下目	人类、猿类和猴科动物
亚目：简鼻亚目	人类、猿类、猴科动物和眼镜猴
目：灵长目	人类、猿类、猴科动物、眼镜猴、狐猴和懒猴

科学分类法是科学家为将世界上所有生物分成组群而设计的方法。这些组群基于生物之间的相似性。这里的表格显示了人类所属的组群（从目到种），包含生物范围最大的组群在最底部，范围最小的一组在顶部。人类与其他灵长类动物有许多共同特征。因此，科学家把人类和其他灵长类动物分在一个目中。每个级别包括的生物越来越少，种仅包括一种生物。

咳嗽

Cough

咳嗽是一种突然的来自肺部的强烈气流，通常伴有响亮的声音。咳嗽有助于身体排出肺部的有害物质，但同时也会传播引起疾病的细菌。咳嗽的人应该捂住嘴巴，并及时洗手。

当一个人肺部和喉咙发痒时就会咳嗽，这可能是由于吸烟、空气污染和疾病的刺激。在咳嗽之前，人们会深呼吸，声门关闭，呼吸肌迅速收缩，形成肺内高压，随后声门打开，来自肺部的空气通过口腔喷射而出，同时将有害物质排出肺部。

延伸阅读： 普通感冒；病原微生物；流行性感冒；肺；打喷嚏。

为了避免传播细菌，咳嗽的人应该捂住嘴，并及时洗手。

克里克

Crick, Francis H. C.

弗朗西斯·克里克（1916—2004）是一位英国生物学家。

在 20 世纪 50 年代，克里克与美国生物学家沃森合作研究 DNA，即脱氧核糖核酸。所有细胞中都含有 DNA。它带有生物的遗传信息，并从父母传递给子女。

克里克和沃森发现了 DNA 的双螺旋结构。他们发现它看起来像一个扭曲的梯子。DNA 由两条彼此交缠的长链组成，两链通过很多小片段相互连接。

1962 年，克里克和沃森因此而获得诺贝尔生理学或医学奖。克里克 1916 年 6 月 8 日出生于英国北安普敦，于 2004 年 7 月 29 日去世。

延伸阅读： 脱氧核糖核酸；基因；沃森。

克里克

恐惧症

Phobia

恐惧症是指对某一物体或环境产生强烈的、无法解释的恐惧的疾病。大约一半的人都认为自己有恐惧症。常见的恐惧症包括对人群、黑暗、高度、蛇或蜘蛛的恐惧，大多数人会避免接触到自己恐惧的物体。

大多数恐惧症发生于儿童时期的中后期，也可以在之后形成。

恐惧症是不合理的，因为它们放大了某种物体或环境所带来的危险。例如，当一个人从高楼的窗户往外看时，不太可能会从高处跌落，但患有恐高症的人在这种情况下还是会觉得恐惧。患有恐惧症的人通常都知道自己的恐惧不合理。

人们可以克服恐惧症，多多体验恐惧对象会有所帮助。例如，如果一个人害怕猫，可以通过在安全的环境中抚摸一只温顺的猫来克服这种恐惧。

延伸阅读： 焦虑症；精神疾病。

口腔

Mouth

口腔是人体摄取食物的部位。张开的嘴唇帮助我们喝水和进食。口腔里有上下两排牙齿，还有一条舌头。牙齿把食物磨碎，压成小块，这样就可以吞下去了。舌头帮助我们吞咽和品尝食物。舌头、牙齿和嘴唇也能帮助我们说话。

口腔内部释放唾液。牙齿咀嚼食物时，唾液与食物混合，使之湿润、变软、更容易吞咽。唾液中还含有化学物质，可以分解一些食物。

延伸阅读： 消化系统；食管；腭；唾液。

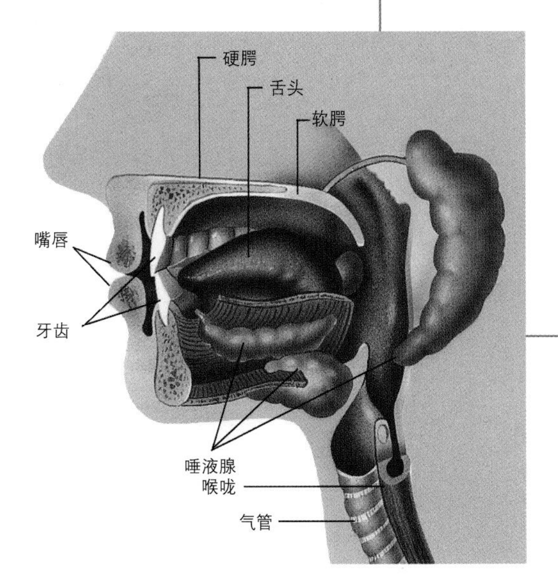

口腔用于摄取食物。食物被牙齿磨碎，被唾液润湿并部分消化。舌头品尝、搅拌食物并辅助吞咽。舌头、牙齿和嘴唇也有助于人类说话。

口腔正畸学

Orthodontics

口腔正畸学是一门矫正牙齿的学科。

牙齿位置不当会引起蛀牙、牙龈疾病、难以咀嚼或正确说话等健康问题。而且，整齐的牙齿也更美观。

矫正牙齿时，牙医将金属或塑料的牙套戴在患者牙齿上。牙套的支架用金属丝连接。在几个月或几年的时间内，金属丝会缓慢地收紧，使牙齿移动到适当的位置。大多数人在 10 ~ 16 岁戴上牙套。许多成年人也会戴上牙套。

延伸阅读：牙科诊疗；牙齿。

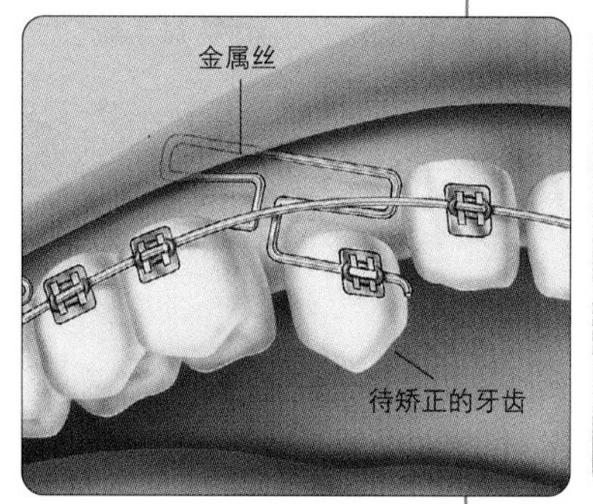

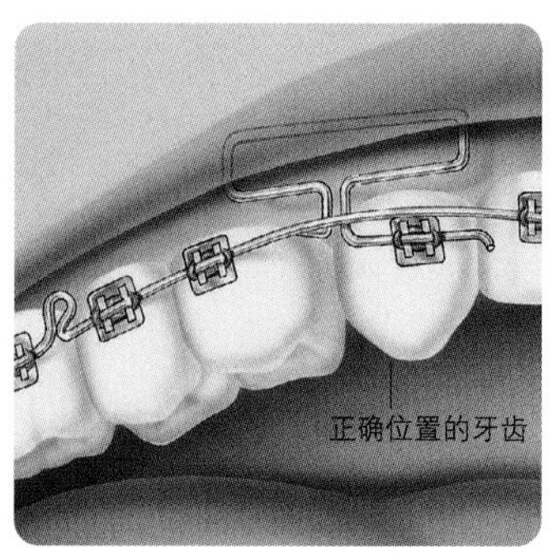

牙套由金属支架和金属丝制成。支架贴在每个牙齿的前部，并用金属丝连接。随着时间的推移，金属丝会收紧，使牙齿移动到正确的位置上。

狂犬病

Rabies

狂犬病是一种由病毒引起，可以破坏脑组织的严重疾病。人类和其他动物均可能患该病。

狂犬病通常由狗、猫、蝙蝠和浣熊等动物传染给人类。这些动物的唾液中可能携带狂犬病病毒，如果携带病毒的动物咬了人，人就可能患上狂犬病。

人类感染狂犬病后通常会头痛且难以吞咽，如果没有得到及时治疗，可能会导致死亡。医生会给被携带狂犬病病毒的动物咬伤的人接种疫苗来防止他们发病。

延伸阅读：疾病；病毒。

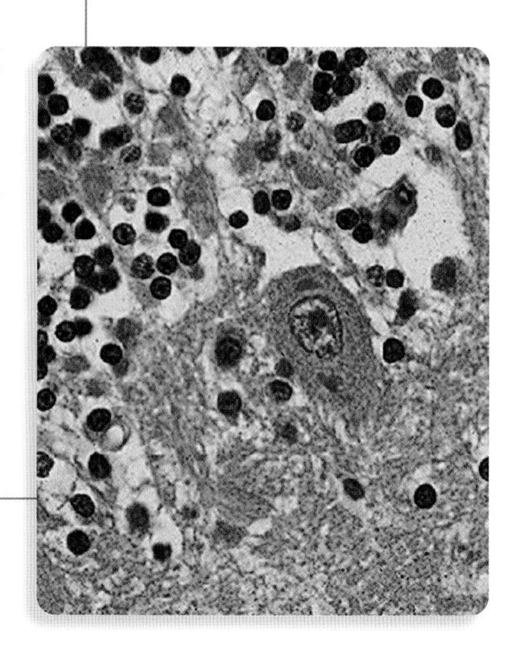

在动物死后分析其脑组织可以确定该动物是否患有狂犬病。如果发现形似黑斑的内基氏小体，则表明有狂犬病病毒存在。

矿物质

Mineral

矿物质是人体和其他生物所需的天然物质。矿物质有助于身体生长，还使身体的细胞和器官正常工作。人们每天只需要少量的矿物质。

矿物质不是由生物创造的。植物从水中或土壤中获取矿物质，动物通过吃植物或吃草食动物获取矿物质。身体所需的矿物质包括钙、磷、钾、钠和镁。钙、镁和磷有助于形成骨骼和牙齿。牛奶和奶制品提供钙,谷物和肉类提供磷,全麦谷物、坚果、豆类和绿叶蔬菜是镁的良好来源。

延伸阅读： 钙；饮食；食物；锰；营养学；维生素。

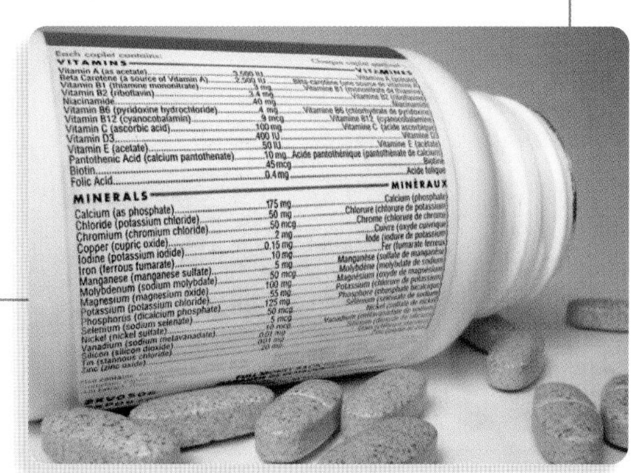

复合维生素中的矿物质可以帮助一个没有平衡膳食的人保持身体健康。

溃疡

Ulcer

溃疡是皮肤或黏膜的开放性疮口。黏膜是身体内部的黏性衬壁。

消化性溃疡在消化系统中形成。消化系统是身体中消化和吸收食物的部分。一种消化性溃疡称为十二指肠溃疡，在小肠中形成。另一种消化性溃疡称为胃溃疡，在胃中形成。当消化液通过胃或小肠的内壁时，就会形成消化性溃疡。某些细菌可引起消化性溃疡。

皮肤形成的溃疡包括腿部溃疡和褥疮。这些溃疡可因血液循环不良或卧床过久引起。从重病中恢复过来或长久卧床休息的人，也可能会患褥疮。

延伸阅读： 细菌；循环系统；消化系统；肠；胃。

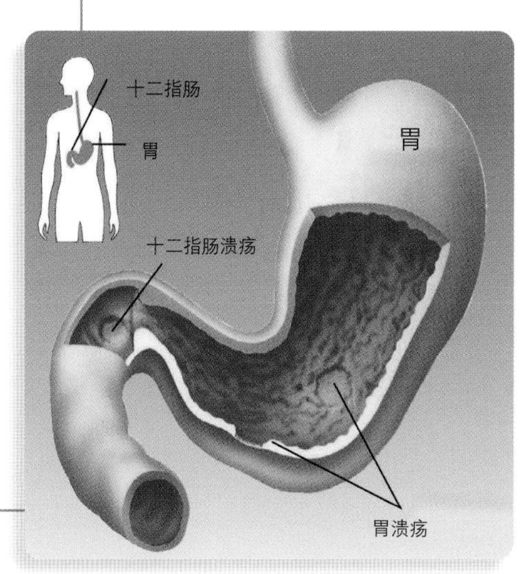

消化性溃疡可在胃或十二指肠（小肠上部）中形成。

莱姆病

Lyme disease

莱姆病是以蜱为主要传播媒介的疾病。蜱是一种类似蜘蛛和蝎子的小动物。

只有某些蜱携带莱姆病病原体。它们通常生活在树木和草丛茂盛的地区，有时生活在鹿和田鼠身上，这些动物将蜱从一个地方带到另一个地方。蜱会跳到人们裸露的手臂或腿上。

被感染的蜱叮咬通常会使人体产生大量皮疹。这种情况发生在叮咬后两天至两周，皮疹常呈圆形。病人也可能会头痛、发烧、肌肉或关节疼痛。医生会给病人开抗生素治疗莱姆病。

延伸阅读：抗生素；疾病。

阑尾

Appendix

阑尾是与大肠起始部分相连接的管道。大肠是消化系统的一部分，消化系统分解并吸收食物。

阑尾位于人体腹部的右下方。一些猿和其他动物也有阑尾。老鼠和其他一些啮齿动物的阑尾很长，帮助食物消化。科学家还未明确阑尾在人体中的作用。许多人认为阑尾可保护身体免受某些疾病的侵害。

在人体中，阑尾有可能会膨胀，导致阑尾炎。阑尾炎是医学上的急症，需要立即进行手术以切除阑尾。

延伸阅读：腹部；消化系统；肠。

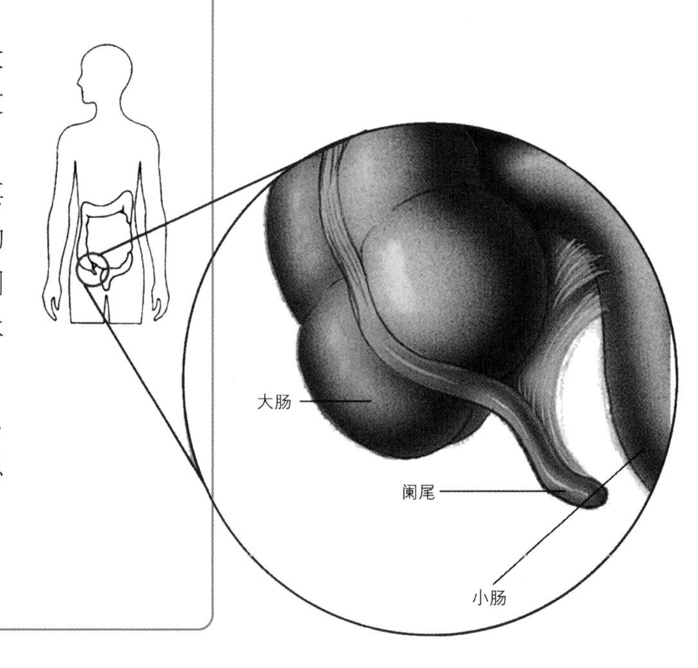

人体阑尾

肋骨

Rib

肋骨是位于胸部的细长骨头。人类和许多动物都有肋骨。肋骨能保护心脏和肺，还能帮助空气进出肺部。

人类有 24 根肋骨，身体两侧各 12 根，一个小的关节将每根肋骨连接到脊柱上。

一些肋骨也与身体前部相连，身体两侧的上面七对肋骨通过软骨与胸骨直接相连，这些肋骨称为真肋。

身体两侧的下面五对肋骨称为假肋，它们没有直接连接到胸骨上。最上面的三对假肋通过软骨连接在一起，下方的两对只连接到脊柱，称为浮肋。肋骨之间的空隙中有动脉、静脉、肌肉和神经。

延伸阅读： 骨；软骨；心脏；肺；骨骼；脊柱。

肋骨与脊柱连接，从连接处向下并向前弯曲，形成一个围绕心脏和肺的保护性空间。人体有 24 根肋骨，每边 12 根。

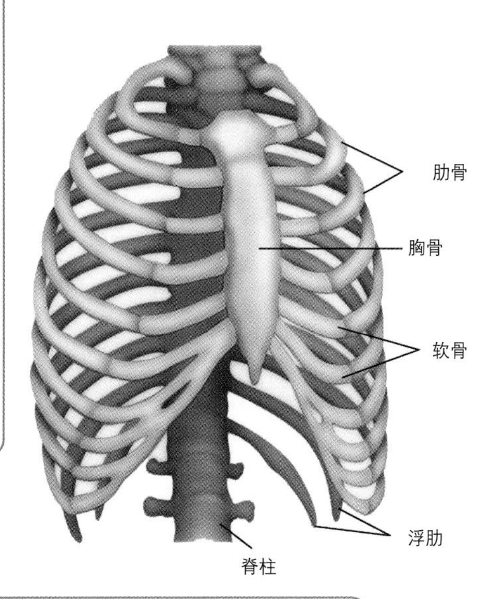

类固醇

Steroid

类固醇是一类在生物体中起关键作用的化学物质。植物和动物都产生天然的类固醇。科学家也可以在实验室里制造类固醇。所有类固醇的基本结构相似，但每种类固醇对生物都有不同的影响。许多类固醇被用作药物。

生物体内许多物质都是类固醇。例如胆固醇，它是动物体内的一种脂肪物质。许多激素，包括性激素，也是类固醇。

一些运动员服用合成类固醇以增加力量和体重。但在体育运动中，这种行为被认为是作弊。服用合成类固醇还会引起健康问题和攻击性行为。

延伸阅读： 胆固醇；药物；药物检测；激素；运动医学。

痢疾

Dysentery

痢疾是由细菌或阿米巴虫引起的疾病。会导致下腹部疼痛，也会引起腹泻，排出水样粪便。患有痢疾的人可能会因腹泻而失去过多的水分和盐分，严重的甚至会死亡。

人们可能会因食用被病原微生物污染的食物或饮料而感染痢疾，而这些病原微生物来自痢疾患者的粪便。拥挤、生活条件差的地区的人们更易于患痢疾。因为在这种环境，粪便更容易与食物和水接触。

延伸阅读： 腹部；细菌；腹泻；消化系统；疾病；病原微生物。

连体双胞胎

Conjoined twins

连体双胞胎是指身体的某个部位相互连接在一起的兄弟或姐妹。最常见的连接部位是臀部、胸部、腹部或头部。有一些连体双胞胎也共用内脏器官，例如心脏或肝脏。连体双胞胎的性别相同，而且长相相似——换言之，他们具有完全相同的基因。

科学家认为，连体双胞胎是从一个受精卵中发育而来的。与其他同卵双胞胎的产生过程一样，受精卵发生了分离。不同的是，它没有完全分开。科学家也不知道为什么会发生这种不完全分离。

连体双胞胎可以通过手术分开，但手术过程很复杂。每个病例都必须由医学专家团队进行评估。而且手术可能导致双胞胎中的一人或两人死亡。

在 19 世纪，连体双胞胎被称为暹罗双胞胎。这个词源于一对来自暹罗（今泰国）的连体双胞胎。在 19 世纪，这对连体双胞胎由于巡回演出而闻名世界。20 世纪，许多人认为暹罗双胞胎这个词是不礼貌的。

延伸阅读： 分娩；多胞胎。

镰状细胞贫血

Sickle cell anemia

镰状细胞贫血是一种遗传性疾病，可引起疼痛、发烧和贫血。

患有镰状细胞贫血的人没有正常的血红蛋白。血红蛋白是携带氧气的蛋白质，赋予红细胞颜色。血红蛋白异常导致红细胞扭曲变形，形状类似于镰刀，所以称为镰状细胞贫血。

治疗这种疾病的最佳方法就是早发现早治疗。医生可以通过药物来治疗该病。骨髓是机体产生血细胞的地方，有些患儿可以进行骨髓移植手术。

延伸阅读： 贫血；血液；疾病；血红蛋白；红细胞。

链球菌性咽喉炎

Strep throat

链球菌性咽喉炎是一种影响咽喉部和咽喉部后端扁桃体的疾病，多发于5～12岁儿童。

链球菌性咽喉炎是由一种叫作链球菌的细菌引起的。细菌在人与人之间通过来自口鼻的飞沫传播。医学检查可以判断一个人的咽喉部是否有链球菌。

患有链球菌性咽喉炎的人有喉咙痛、头痛和发热等症状，也可能会呕吐、胃痛和扁桃体肿大。通常用青霉素治疗链球菌性咽喉炎。如果不及时治疗，细菌可能会导致身体其他部位出现问题，如肺部和心脏。

延伸阅读： 细菌；疾病；青霉素；扁桃体。

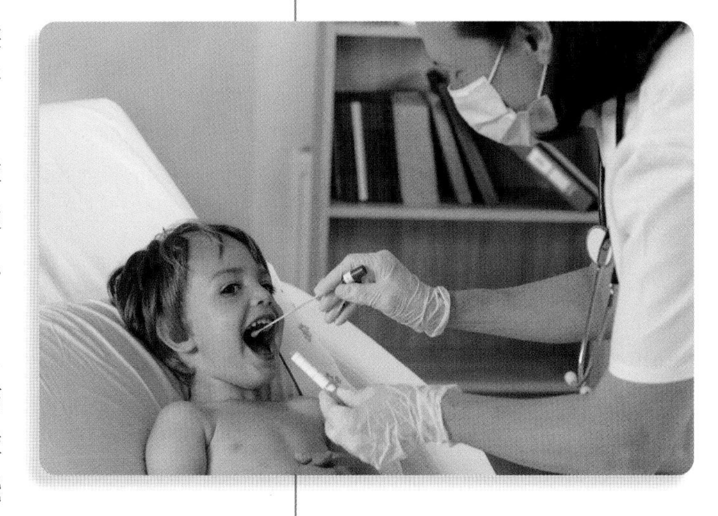

医生通过从病人咽喉部采集样本来进行咽拭子测试。对样本进行分析，看是否存在链球菌。

临床心理学

Clinical psychology

临床心理学是研究并治疗精神和行为方面问题的学科。临床心理学家对正常或不正常的行为进行研究，并致力于预防严重的心理健康问题。

临床心理学家通常在政府机构、医院、学校和私人诊所工作。他们会使用智力测验来将学生分入合适的班级；他们也可以帮助人们找到适合自己能力的工作。临床心理学家还对人们进行测试，检查他们是否受困于精神问题。

临床心理学家可以为各类精神问题提供治疗方案。他们可以帮助患者应对较轻的精神干扰，例如来自学校的压力；还可以协助解决更严重的情绪问题。在大多数治疗中，临床心理学家会与患者进行交谈，试图在交谈过程中帮助患者找到问题的根源和解决方法。临床心理学家也设法了解和预防精神障碍。

延伸阅读： 行为；精神疾病；精神病学；心理学。

淋巴系统

Lymphatic system

淋巴系统是人体内一个类似血管的管道系统，使淋巴液从身体组织返回血液。淋巴液呈清亮淡黄色，它来自血液，通过淋巴系统回流到血液中。如果多余的淋巴液没有回流到血液中，身体组织就会肿胀。

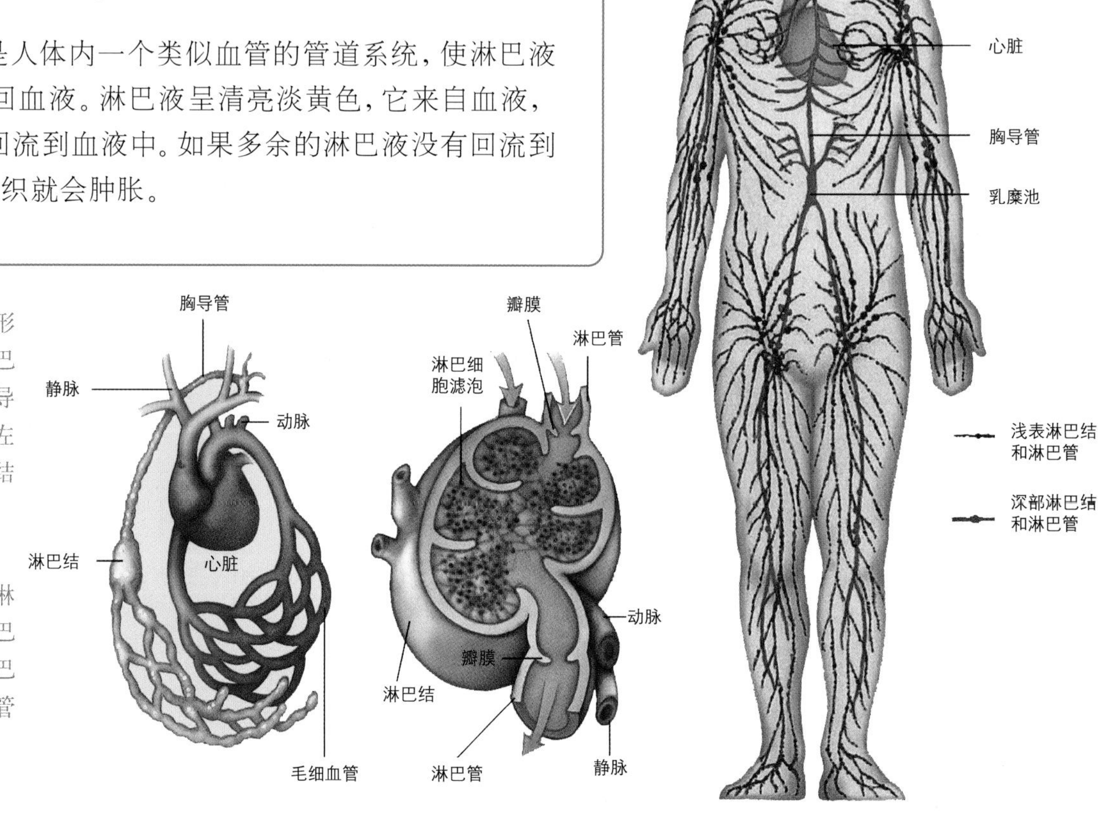

从毛细血管渗出的黏液形成淋巴液。淋巴管将淋巴液输送到胸导管，从胸导管流入心脏附近的静脉（左图）。当淋巴液通过淋巴结时会被过滤（中间图）。

淋巴系统由遍布全身的淋巴管组成。沿着这些淋巴管的各个地方都有淋巴结。一些淋巴结和淋巴管位于身体深处。

淋巴系统也有助于身体抵抗感染。沿着淋巴管的小块组织会滤除进入体内的有害颗粒和细菌，这些豆形组织称为淋巴结。淋巴结含有吸收有害物质和死亡组织的细胞。

延伸阅读： 血液；血管；毛细血管；白细胞。

灵长类动物

Primate

灵长类动物是由猿、猴子、人类和其他相关动物组成的一类哺乳动物。灵长类动物有许多种，体重从 28 克到 181 千克不等。

灵长类动物具有一些共同特征，科学家认为这些特征与树上生活的能力息息相关。具有握持能力的手使得灵长类动物能够挂在树枝上，并且可以在树枝间轻松移动。大多数灵长类动物还可以用脚抓取物件，有些甚至可以把尾巴当作手来使用。灵长类动物的眼睛直视前方,这使得它们拥有出色的视觉,大多数灵长类动物使用视觉多于听觉或嗅觉。

大多数灵长类动物拥有大而复杂的大脑，生活在社会群体当中。年幼的灵长类动物需要很长一段时间才能成年，需要从成年同类身上学习很多东西，包括如何进食以及如何保护自己。

灵长类动物主要栖息于热带地区，分布在非洲、亚洲和中南美洲。

研究非人类灵长类动物的科学家称为灵长类动物学家。多年来，这些科学家对灵长类动物有了很多了解。古道尔（Jane Goodall）是最著名的灵长类动物学家之一，主要研究野外的黑猩猩。她发现黑猩猩能制造和使用简易工具。科学家还可以通过研究动物园里的灵长类动物来了解它们的行为。

许多科学家都在实验室里利用猴子和其他灵长类动物来进行研究，因为这些动物与人类关系密切，科学家可以利用它们来研究人类疾病。近来许多人类用的药物都会先在猴子身上进行测试，但有些人反对在灵长类动物身上测试药物。

延伸阅读： 动物实验；进化；人类。

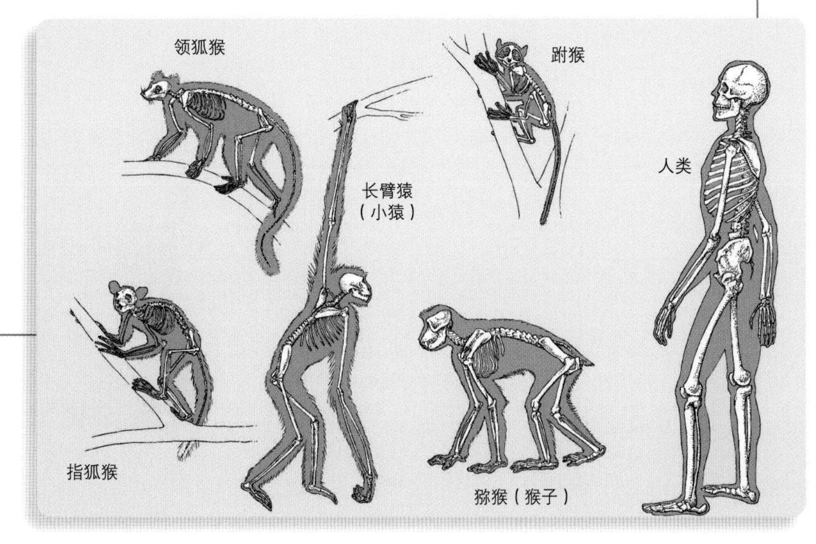

地球上有许多不同种类的灵长类动物，但它们的身体都有些相似，这种相似性可以从狐猴、猴子、猿和人类等灵长类动物的骨骼上看出来。

流行

Epidemic

在医学领域，流行是指某种疾病在人群中的快速传播。疾病的流行可以持续几周、几个月或几年。

当疾病开始流行时，医生会试图查明疾病流行的原因以及如何阻止其继续流行。例如，在19世纪，一位伦敦医生研究了感染霍乱的患者，发现他们都饮用了同一水井的水，该水井的水含有导致霍乱的病原微生物。随后政府关闭了该水井，疾病的流行也很快停止了。

流行病多由病原微生物导致。在一些疾病中，病原微生物直接由一个人传染给另一个人。

现在，许多曾经的流行病是可以预防的。坚持饮用清洁的水可以预防霍乱，还可以通过疫苗来预防许多其他疾病。

延伸阅读： 霍乱；疾病；病原微生物；免疫接种；公共卫生。

流行性感冒

Influenza

流行性感冒亦称流感，是由病毒引起的一类疾病。大多数得了流感的人一周左右即可痊愈，但也有新型流感在全球迅速蔓延，夺去了很多人的生命。

人们通常在靠近咳嗽或打喷嚏的人时得流感。他们要么吸入病菌，要么先接触病人接触过的东西，然后用脏手接触自己的鼻子或嘴巴。流感引起发烧、头痛、发冷、身体疼痛和虚弱。

医生通过给人们注射流感疫苗来预防流感。医生还告诉人们要经常洗手，以防止病菌扩散。

延伸阅读： 咳嗽；发热；病原微生物；头痛；免疫接种；打喷嚏。

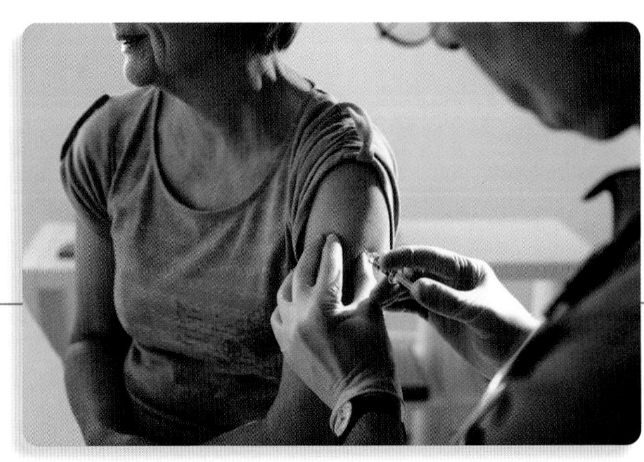

一位健康专家给一个妇女注射流感疫苗。医生推荐注射流感疫苗，尤其是老年患者。

流行性腮腺炎

Mumps

流行性腮腺炎是一种容易在人与人之间传播的疾病，会导致耳朵下方和前方疼痛肿胀。流行性腮腺炎是由该病患者唾液中的病毒或微小病菌引起的。

一个人在接触流行性腮腺炎病毒约 18 天后出现该病的最初症状。这些症状包括发烧、头痛、肌肉酸痛，有时还会呕吐，然后开始产生肿胀。肿胀部位的疼痛可能会使人难以咀嚼或吞咽。肿胀持续约一周。

今天，有一种用于流行性腮腺炎的疫苗，可保护人们免受该病侵害。

延伸阅读： 疾病；免疫接种；病毒。

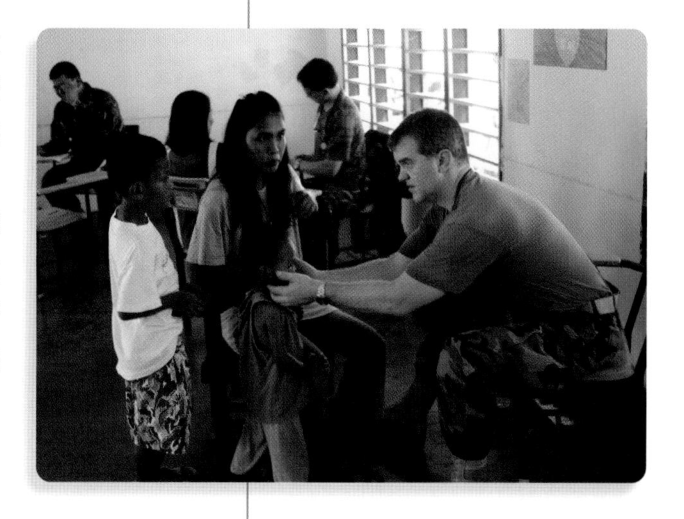

一位医生在触摸流行性腮腺炎患儿的腮腺。

卵巢

Ovary

卵巢是一种女性性器官。女性有两个卵巢。卵巢储存和释放卵细胞并制造激素。人的卵巢是椭圆形的，大约有核桃那么大。卵巢位于腹部。

当一个女孩出生时，她的卵巢有大约 40 万个卵细胞。但在女性的一生中，只有 400 个卵细胞会成熟并被释放出来。当一个卵细胞被释放后，卵巢也会释放激素，使女性的身体为生孩子做好准备。如果卵细胞与精子细胞结合而受精，那么女性就会怀孕。当女性年龄增大时，通常在 45 ~ 55 岁，她们的卵巢会慢慢停止工作并缩小。

延伸阅读： 输卵管；受精；激素；怀孕；人类生殖；子宫。

卵巢中的卵细胞通过输卵管到达子宫。

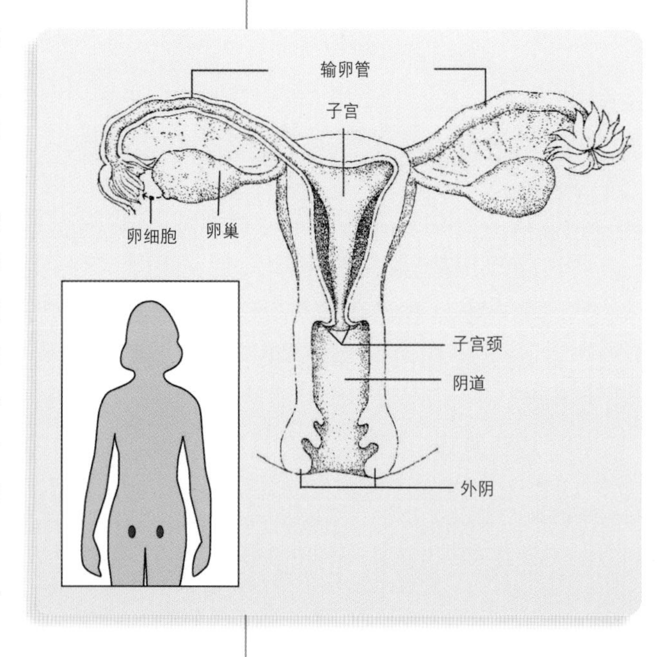

麻风

Leprosy

麻风是一种累及皮肤和神经系统的疾病，通常不会致命，但如果不及时治疗就会致残。

麻风是由细菌引起的。人可能因吸入细菌而感染，但大多数这样做的人不会生病。在那些得病的人中，麻风的症状通常在感染后的 3 ~ 5 年内出现。

麻风的主要症状是皮肤上出现白色或淡红色斑片，称为皮肤损害。病人可能在病变部位失去感觉，皮肤也可能变厚，身体的许多部位可能会出现黑色的肿块。如不及时治疗，可使手足神经受损而发生畸形。

如今，麻风在非洲、中南美洲、印度和东南亚地区均有发现。在南欧也有小范围的分布。在美国则很罕见。

麻风这个词出现在圣经中，但很可能是指各种皮肤病。历史上，麻风病人一直是恐惧和偏见的受害者。

延伸阅读： 细菌；疾病；神经系统；皮肤。

麻疹

Measles

麻疹是一种导致全身出现粉红色皮疹的疾病，多见于小儿。

麻疹是由病毒引起的。当有人咳嗽或打喷嚏时，它会通过空气传播。染上麻疹的人会发烧、流鼻涕、流泪和咳嗽，然后身上出现粉红色皮疹。咳嗽停止后，皮疹就会消退。

儿童应接种麻疹疫苗。这可以帮助大多数人预防麻疹。

延伸阅读： 疾病；免疫接种；皮肤；病毒。

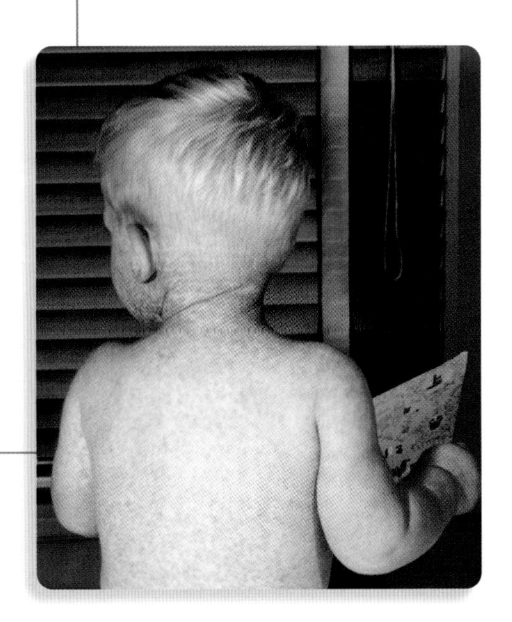

麻疹是一种使皮肤破溃长出粉红色皮疹的疾病。

麻醉

Anesthesia

麻醉是指全部或部分身体感觉丧失，这个词通常用来表示失去痛感。医生使用麻醉剂来引起暂时性麻醉。催眠和针灸也可用于麻醉，催眠使人处于一种放松的精神状态，针灸就是把针刺入身体的某些部位。

大多数手术在没有麻醉的情况下都无法进行。麻醉剂可使患者免于疼痛。

全身麻醉是全身感觉丧失，它伴随着无意识状态。在全身麻醉下，心率和呼吸都会变慢。必须密切关注全身麻醉下的患者。

局部麻醉是身体的一部分失去痛感，人仍然保持清醒。医生经常在眼睛、鼻子、嘴巴或皮肤的手术中使用局部麻醉。牙医在引起疼痛的操作中也使用局部麻醉。

现代麻醉剂是在 19 世纪中期发明的，在此之前，患者在手术过程中一直被疼痛和休克所困扰。

延伸阅读： 针灸；麻醉学；牙科诊疗；催眠；医学；疼痛；外科手术。

麻醉剂

Narcotic

麻醉剂是一种对人体有强烈作用的物质，可以使人感觉不到疼痛，也会使人入睡或进入昏迷状态。

麻醉药品在医学上应用广泛，但也可能带来危险。大剂量的麻醉剂可能导致死亡，反复使用麻醉剂可能引起成瘾。人们只能在医生的指导下使用麻醉剂。

延伸阅读： 药物；药物滥用；疼痛。

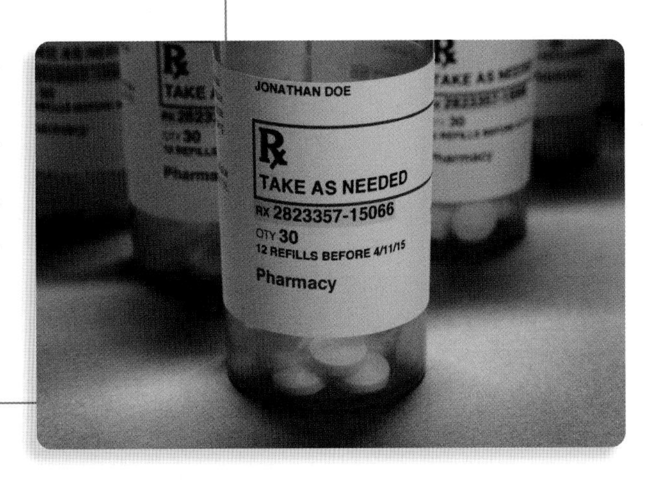

麻醉药品只能在医生的指导和处方下使用。

麻醉学

Anesthesiology

麻醉学是医学的一个领域，它包括在手术和分娩过程中对疼痛的控制。麻醉师使用麻醉剂来减轻病人的疼痛。

麻醉师帮助其他医生为病人做好手术准备。在手术过程中，麻醉师使用不同的方法减轻病人的疼痛、触觉、寒冷和其他感觉。有些方法使病人失去意识，另外一些方法只会使身体的某个部位失去感觉。麻醉师仔细监视病人的身体状况，直至手术结束。

延伸阅读： 麻醉；医学；疼痛；外科手术。

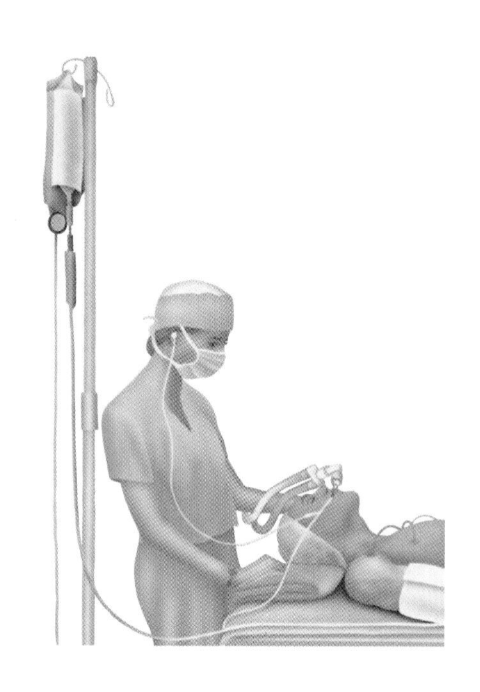

麻醉师将一根装有氧气和麻醉气体混合物的管子插入病人的气管。吸入这种气体可使病人在术前准备阶段失去知觉。

脉搏

Pulse

脉搏是可以在身体某些部位感受到的轻微搏动，是由心跳引起的。

每次心跳，都会把血液推进动脉中，随着每一次血液的注入，动脉都会稍稍舒张，然后收缩。医生和护士经常用手指按压人的手腕来测量脉搏，他们可以在手腕处感受到伴随每一次心跳的血管搏动，他们对搏动进行计数，判断这个人的心跳是否平稳，会不会太快或太慢。

一名 7 岁儿童的正常脉搏是每分钟 90 次，大部分成年人的正常脉搏是每分钟 72 次。

延伸阅读： 动脉；血液；血压；心脏。

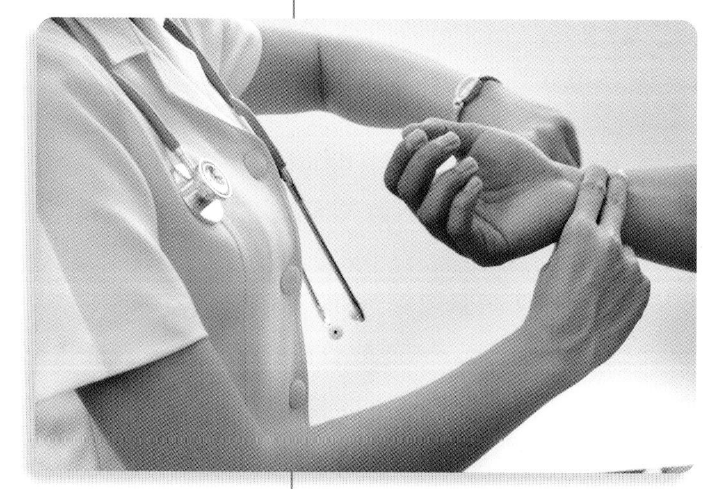

护士通过感觉手腕动脉的舒张和收缩来测量病人的脉搏。

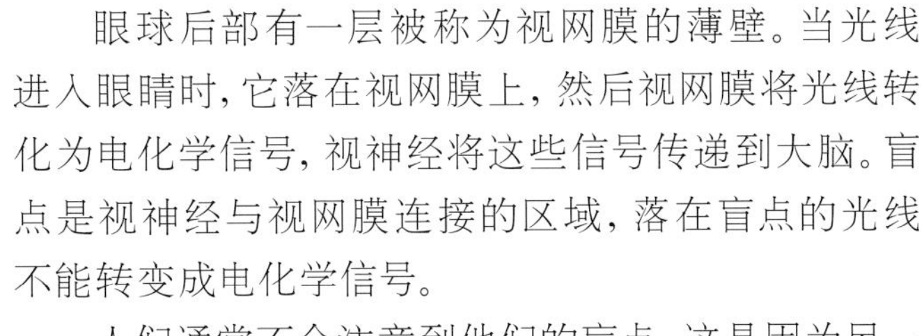

盲点

Blind spot

盲点是眼球后部的一小块区域。人看不到落在该区域的影像。

眼球后部有一层被称为视网膜的薄壁。当光线进入眼睛时，它落在视网膜上，然后视网膜将光线转化为电化学信号，视神经将这些信号传递到大脑。盲点是视神经与视网膜连接的区域，落在盲点的光线不能转变成电化学信号。

人们通常不会注意到他们的盲点，这是因为另一只眼睛弥补了一只眼睛的盲点。

延伸阅读： 失明；眼睛；视觉。

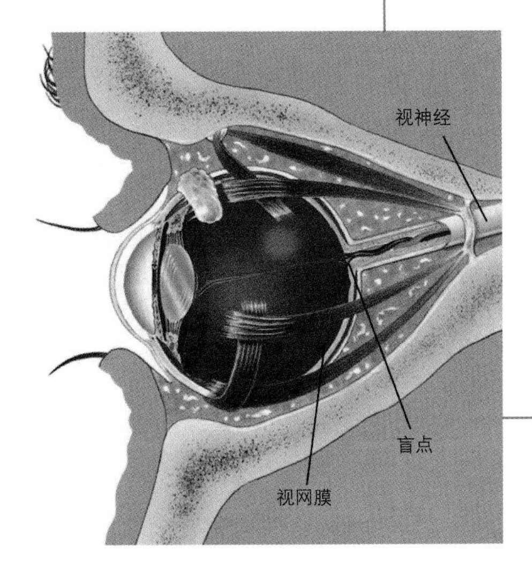

盲点是眼球后部视神经与视网膜连接的一小块区域。人看不到落在该区域的影像。

毛发

Hair

毛发是哺乳动物皮肤上长出的线状结构。人体大多数部位都被浅色的细小毛发覆盖，头部和其他部位长着浓密的毛发，而身体的有些部位，例如脚掌和手掌则完全没有毛发。眼睛、耳朵和鼻孔周围的毛发可以防止灰尘与昆虫进入，眉毛则可以为眼睛遮挡强光。

黑色素是一种黑褐色的色素，它在很大程度上决定了一个人的发色与肤色。黑色素越多，毛发就越黑。随着年龄的增长，由于黑色素不再形成，大多数人的毛发也会变成灰色或白色。

人类以外的哺乳动物大多数都拥有一身厚厚的毛发帮助保暖。其中一些还有胡须，它是一种对触觉敏感的特殊毛发，帮助动物在狭窄黑暗的地方摸索前行。毛发也可以保护动物，

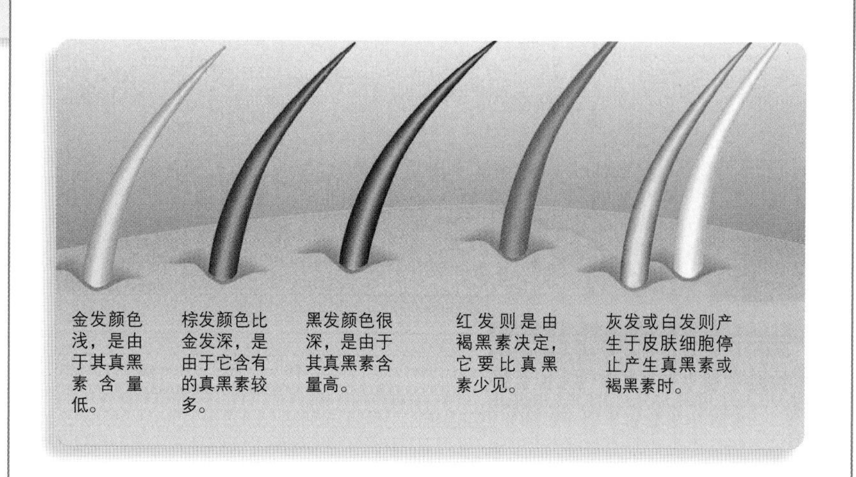

发色决定于皮肤产生的色素，主要色素称为黑色素，有不同种类，可以产生金色到黑色等多种颜色。红色的头发来自一种被称为褐黑素的黑色素。其他发色则来自一种更深的色素，称为真黑素。

例如，毛发的颜色可以帮助动物与周围的环境融为一体，躲避敌人。刺是一种特殊的毛发，可以帮助豪猪免受敌人的伤害。

一些动物的毛发可以用来制作产品。羊毛可以纺成线，织成毯子、衣服和地毯，动物毛发还可以通过压制和打磨制成毛毡。

延伸阅读： 黑色素；皮肤。

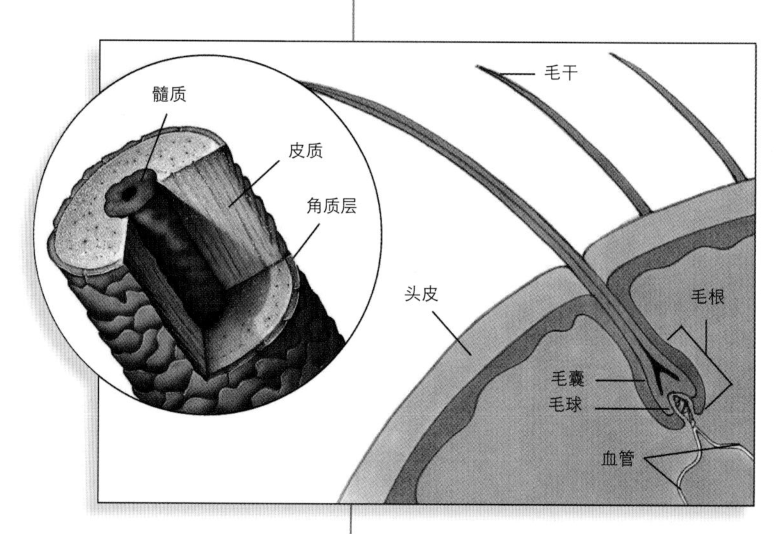

头发从毛囊底部的发根生长，血管为发根提供营养和氧气。头发是从毛球处的细胞生长起来的。

毛孔

Pore

毛孔是皮肤腺体的微小开口。腺体就像皮肤深处的小袋子，它们收集各种液体以供身体利用或排出体外。

有些皮肤腺体会产生汗液，称为汗腺。还有一些皮肤腺体产生油脂，称为皮脂腺。汗腺和皮脂腺遍布全身皮肤。

人的面部有大量皮脂腺，这些腺体中产生的油脂会在毛孔中凝固，从而产生黑头。黑头周围的皮肤受到刺激，导致痤疮产生。痤疮是皮肤上隆起的小肿块。人可能会因为汗腺堵塞而患上痱子。

延伸阅读： 痤疮；腺体；毛发；皮肤。

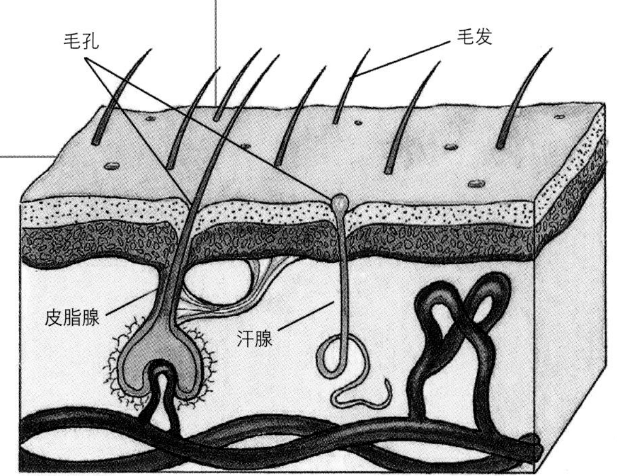

大部分皮肤上都有毛孔，毛孔是两种腺体的开口：汗腺和皮脂腺。

毛细血管

Capillary

毛细血管是血管的一种。血管是体内血液流动的管道，而毛细血管是最小的血管，它们很小，只能用显微镜观察。毛细血管连接着更大的血管——动脉和静脉。

血液将营养物质和氧气运送到身体的各个部位。氧气是空气中的一种气体，是身体细胞存活所必需的。

毛细血管壁非常薄，氧气和营养物质通过管壁传递到细胞中。毛细血管也从细胞中吸收废物，然后身体将这些废物排出体外。

延伸阅读： 动脉；血管；循环系统；静脉。

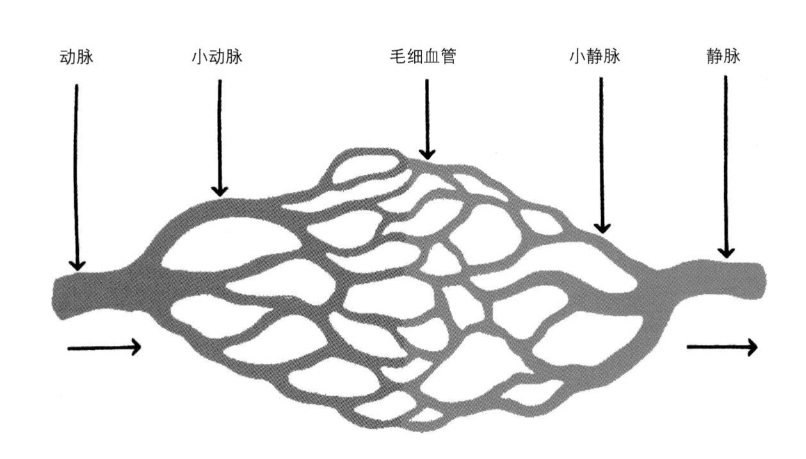

毛细血管连接更大的血管——动脉和静脉。在毛细血管中，血液为身体细胞输送营养物质和氧气，并吸收细胞释放的废弃物质。

酶

Enzyme

酶是一种在生物体的化学变化中起重要作用的化学物质。酶在化学反应中有助于分解以及结合其他化学物质。缺少了酶,生命也不可能出现,因为这些反应将会变得非常慢。酶通过结合其他化学物质加速反应,生成更为复杂的物质。

除了在体内的自然功能,酶还有许多用途。例如,一些洗涤剂含有分解污渍中蛋白质或脂肪的酶;酶也可以用于制造抗生素、啤酒、面包、奶酪、咖啡、糖、醋、维生素和许多其他产品。

医生使用含有酶的药物帮助清洗伤口,以及检测对于青霉素的过敏反应。医生也通过测量血液以及其他体液中多种酶的含量来诊断某些疾病,例如贫血、癌症、白血病和心脏以及肝脏疾病。未来,酶可广泛用于将未经处理的污水转化为有用产品。酶也可以用来将石油转化为海洋植物的养分,从而解决危害湖泊和海洋的石油泄漏问题。

延伸阅读: 消化系统;生命;新陈代谢。

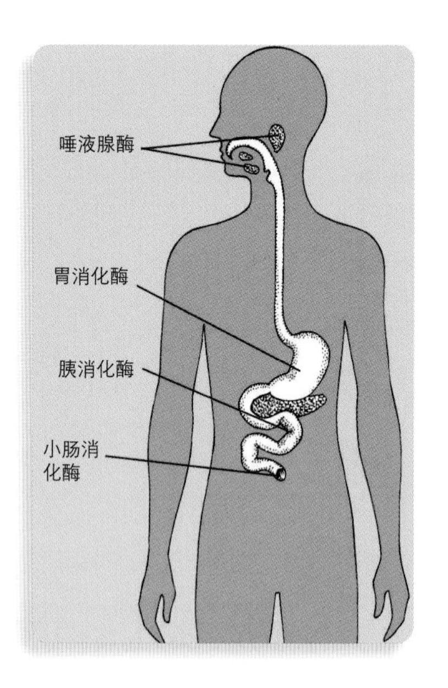

消化系统中的酶分解食物以供身体利用。每种酶都发挥特定的作用。

门

Phylum

门是科学分类法的单位之一。科学分类法中最大的单位是界,每个界都被分为几个门,相较同一界的生物,同一门的生物间关系更密切。门可进一步分为纲,同一纲的生物间关系比同一门的更密切。

因为同一门的所有生物有着共同的祖先,所以它们有着某些共同的基本特征。例如,在动物界,脊椎动物和它们的近亲组成了脊索动物门,所有两栖动物、鸟类、鱼类、哺乳动物和爬行动物都属于这个门,人类也是脊索动物门的成员。这些动物有着共同的具有脊椎骨的祖先。

延伸阅读: 纲;科学分类法;界。

锰

Manganese

锰是一种性坚而脆的银白色金属。动植物需要少量的锰。锰被用于钢铁，它还有其他许多工业用途。

在自然界中，锰总是与其他元素混合在一起。它以褐锰矿、水锰矿等形式存在于地壳中，由瑞典化学家加恩(Johan Gottlieb Gahn)在1774年首次从混合物中分离出来。

生物体的酶和其他蛋白质中含锰。缺锰会引起骨骼和中枢神经系统的问题。人们可以通过吃豆类、绿色蔬菜、坚果和谷物来摄入锰。

延伸阅读： 酶；食物；营养学。

坚果是富含锰的食物。人们在饮食中需要少量的锰来保持身体健康。

梦

Dream

梦是人们在睡着时似乎观看或参与事件的现象。

梦是人们在睡着时似乎观看或参与事件的现象。每个人都会做梦，但有些人不会记得他们的梦。

梦的内容通常是一个故事。人们通常无法控制梦中发生的事情，但有时人们知道他们在做梦，甚至可以在不醒来的情况下改变梦中发生的事情。

大多数人在做梦时只是看，但也可以听、闻、触摸和品尝东西。

即使在人睡觉的时候，脑部也很活跃。通过测量脑电波，科学家们可以研究脑部的活动。在睡眠期间，脑电波通常幅度很大而频率很慢，但有时幅度变小频率变快。此时，睡眠者的眼睛会迅速移动。这种时候大多是在做梦。在此时醒来的人可能会记得他的梦。

科学家并不真正清楚为什么人们会做梦。有些人认为做梦可能有助于大脑记忆、注意力集中和学习。一些心理学家和其他研究人的思想的科学家认为一个人的潜意识会在梦里呈现，他们相信梦可以帮助人们更好地了解自己。

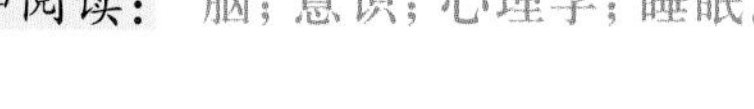

延伸阅读： 脑；意识；心理学；睡眠。

米德

Mead, Margaret

玛格丽特·米德(1901—1978)是一位美国人类学家。她研究生活在太平洋岛屿的人。

米德出生在宾夕法尼亚州费城,获哥伦比亚大学博士学位。她在纽约市的美国自然历史博物馆工作多年。

为了解太平洋岛屿人民,米德与他们住在一起。在她的著作《萨摩亚时代的到来》(1928年)和《在新几内亚成长》(1930年)中,她把这些地方的青少年与西方国家的青少年进行了比较。

延伸阅读: 人类学。

米德研究了太平洋岛屿人民的文化。

泌尿系统

Urinary system

泌尿系统帮助机体排出体内废物,由多个组织和器官组成。没有泌尿系统,各种毒物就会滞留在体内,这会导致疾病的发生。

泌尿系统的主要器官是两个肾。每个肾脏都有许多肾单位。血液通过肾单位,在那里,微小的血管和其他管道过滤出水和各种化学物质。水和对身体重要的物质被特殊的细胞吸收,这些物质留在体内。

废物进入输尿管。这些废物包括氨、尿酸和多余的水。它们形成尿液。尿液从肾脏移到膀胱。它被储存在那里直到排出体外。尿液通过肌肉的运动被挤出膀胱,通过尿道排出体外。

延伸阅读: 膀胱;肾脏;毒物;尿液。

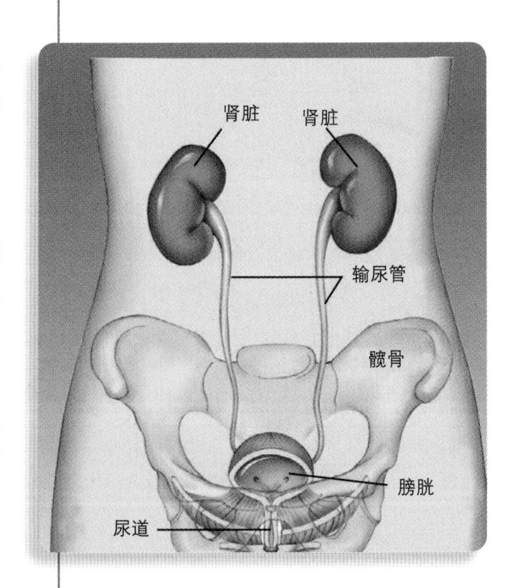

肾脏从血液中排出废物并通过输尿管将其送入膀胱。废物被储存在膀胱中,直到它通过尿道排出体外。

免疫接种

Immunization

免疫接种是一种保护机体抵御疾病的方法。人体可以通过产生抗体来抵御许多疾病。一类免疫接种可以在疾病产生前就使机体产生针对该疾病的抗体，称为预防接种。另一类免疫接种使用一种含有抗体的血清。

英国医生詹纳在1796年制造了第一种疫苗。该疫苗用来预防天花。今天，我们有了预防麻疹、腮腺炎、百日咳等多种疾病的疫苗。大多数疫苗都是注射的，但有些是口服的。

延伸阅读： 抗体；疾病；病原微生物；免疫系统；詹纳；巴斯德；天花。

疫苗

攻击真正病毒的抗体

减弱的病毒

抗体

1

2

3

疫苗通过让免疫系统识别特定的病毒或其他病原微生物来预防疾病。疫苗由已被杀死或弱化的病原微生物组成（图1），触发免疫系统产生适应病原微生物抗原的抗体（图2）。如果病原微生物侵入身体，免疫系统就会识别并摧毁它（图3）。

免疫系统

Immune system

免疫系统保护身体免于疾病侵袭。它常常在人们知道自己生病之前就把疾病击退。即使当人们感到不适时，他们的免疫系统仍努力阻止疾病的发生，以免造成更大的伤害。有时医生会让人们服用有助于免疫系统抵御疾病的药物。

身体的许多部分在免疫系统中协同工作。其中最重要的是白细胞。白细胞圆形，无色。它们非常小，只有用显微镜才能看到。

白细胞是身体对抗致病因素的最强大武器之一。这些因素包括细菌和病毒。细菌和病毒是只有用显微镜才能看到的进入身体的微小“入侵者”。它们会引起感冒、喉咙痛、胃部不适等多种病症。一些白细胞包围细菌并分解它们，另一些白细胞产生能杀死细菌和病毒或使其无害的抗体。

有时免疫系统会犯错误。它试图保护身体免受不导致疾病的物质的侵害。这些物质包括花粉、灰尘、霉菌和羽毛等。当免疫系统将它们当成有害物质来处理，就会引起过敏。对某种物质过敏的人可能会因此打喷嚏或发痒。

延伸阅读： 艾滋病；过敏；抗体；抗原；细菌；疾病；免疫接种；病毒；白细胞。

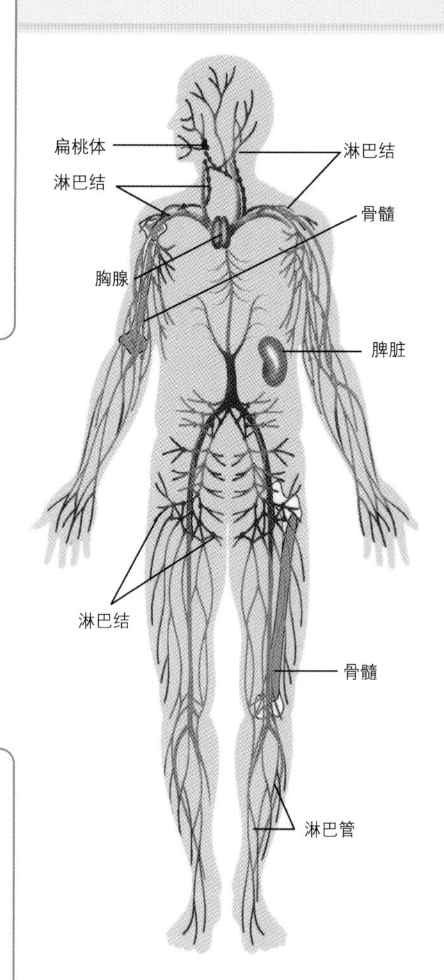

人体免疫系统由许多协同作用抵御疾病的器官和组织组成。主要包括骨髓、胸腺、淋巴管以及淋巴结。扁桃体和脾脏也在免疫过程中发挥了作用。

木乃伊

Mummy

木乃伊是保存了数百年或数千年的尸体。最著名的木乃伊来自古埃及。许多博物馆至少有一具埃及木乃伊。木乃伊一词也指任何保存了很长时间的尸体。

古埃及人相信人死后在另一个世界生活。他们相信一个人在另一个世界拥有同样的身体，所以他们想让尸体保持良好状态。他们努力防止尸体腐烂。几千年后，科学家发现了这些尸体。

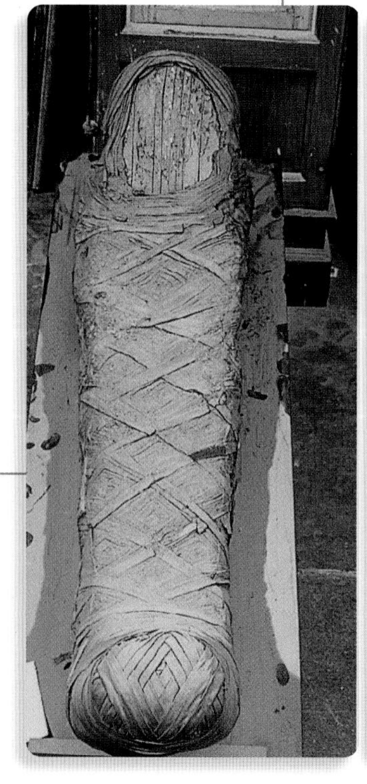

木乃伊揭示了古埃及人是如何对待死者的。木乃伊用亚麻布紧紧缠绕，然后放在棺材里。在某些时期，棺材会被涂漆。

科学家已经知道了古埃及人是如何制作木乃伊的。古书上说做木乃伊花了 70 天。首先，大部分身体内部器官被取出。通常情况下，身体内部会填充布或木屑。然后古埃及人将尸体放入特殊的化学物质中晾干。最后，他们把尸体用多层布包裹起来，放在棺材里。棺材是用木头或石头做的，有些是长方形的，其他的形状像木乃伊。棺材里的木乃伊被安放在坟墓里。在木乃伊旁边，古埃及人放置了日常生活的物品，如衣服、食物和珠宝。古埃及人相信死人在另一个世界需要这些东西。

延伸阅读： 死亡；人体。

这个埃及法老的木乃伊正在巴黎卢浮宫展出。

目

Order

目是科学分类法的单位之一。一个目是一大群有关联的植物、动物或其他生物。同一个目中的生物具有一些相同的特点，因为它们拥有一个共同的祖先。

生物分为界、门、纲、目、科、属、种。每个目都属于一个纲。同一目生物的亲缘关系比同一纲生物的更密切。目可以分为科。同一科生物的亲缘关系比同一目生物的更密切。

人类属于灵长目。猿类和猴类也属于这个目。猿类、猴类和人类在很多方面都是相似的，因为他们拥有共同的祖先。

延伸阅读： 纲；科学分类法；科。

囊性纤维化

Cystic fibrosis

囊性纤维化是一种疾病。发生这种疾病时，身体会产生一种厚而黏稠的黏液。黏液可能会堵塞身体的某些部位，如肺和胰腺。如果肺部堵塞，会出现呼吸困难。胰腺发生堵塞后，食物的正常消化可能受阻。

囊性纤维化是由某些特定基因损害而引起的。基因是指导身体生长和发育的化学指令，是一个人在出生前遗传自父母的物质。患囊性纤维化的人天生就患病。

囊性纤维化无法治愈，许多患者因此去世。但医生可以帮助囊性纤维化患儿，为患儿提供药物和特殊饮食，帮助患儿咳出肺部的黏液。

延伸阅读： 疾病；基因；肺；黏液；胰腺。

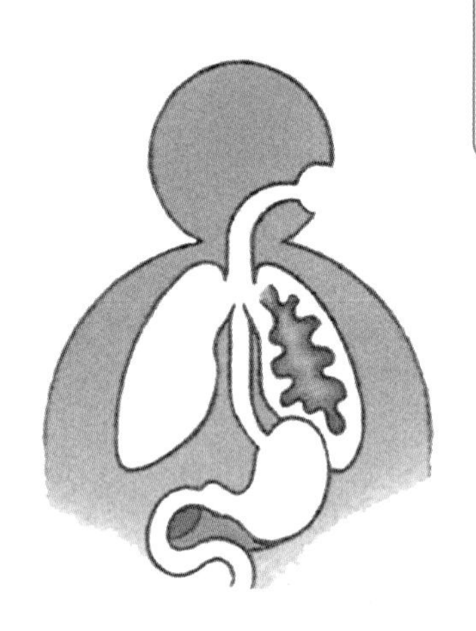

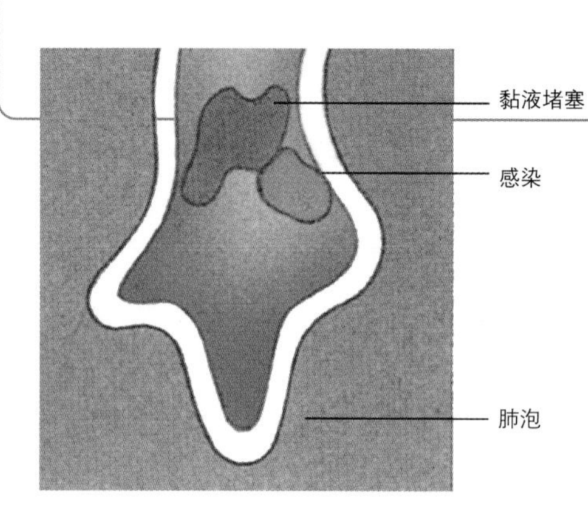

囊性纤维化是一种身体产生许多黏液的疾病。这些黏液可能会堵塞身体中某些部位，如肺或胰腺。肺泡中的黏液堵塞可能会引起呼吸困难以及阻塞部位细菌感染。

脑

Brain

脑是身体的控制中心。脑从身体的某些部位，比如眼睛和耳朵，来获取信息。然后根据这些信息向身体的其他部位发送指令，控制身体的活动。

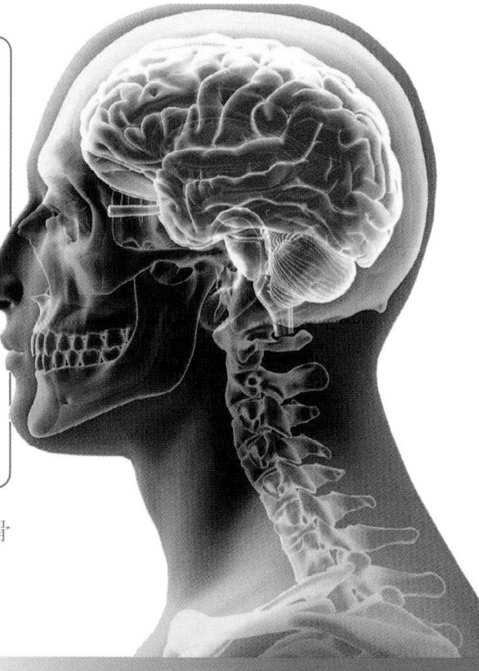

人脑比任何其他生物的脑都复杂。大脑被头骨包裹并保护起来。成年人的脑重约1.4千克。

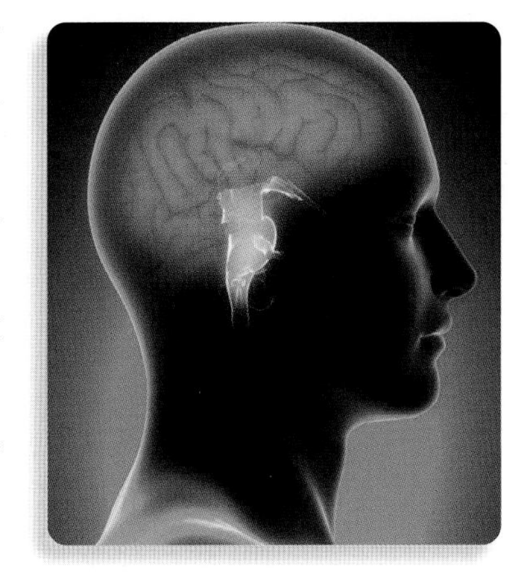
脑干位于脑的底部。它控制着呼吸、心跳和其他重要的生命功能。

想象一个年轻女孩在打球，她的眼睛看到一个球朝她飞来，将这个信息传递给她的脑，脑告诉她的手臂和手伸出去接球。

脑也会做各种其他的事情。它可以用来记忆，储存各种各样的记忆。

人们用脑思考。人脑使人们能够做数学运算和解决其他问题。

脑也是情感所在的地方。爱、恐惧和快乐等感觉都始于脑。

大多数动物都有脑。像昆虫一样的小动物有简单的脑。大型动物，如狗和牛，拥有由许多部分组成的复杂的脑。

人脑是最复杂的。它是一个果冻状的球体，呈浅灰色，表面覆盖着脑沟。新生儿的脑不到 0.45 千克重。到 6 岁时，脑的重量已经达到 1.4 千克左右。

脑由数十亿被称为神经元的细胞组成。这些细胞以微小电化学信号的形式发送信息，它们可以通过神经通路将这些信号传递到其他体细胞。这些信号以 320 千米 / 时的速度传播。

大多数脑细胞在出生时就存在。它们在人 6 岁前生长。在这几年里，人们学知识比其他任何时候都快。

人脑有三个主要部分：(1) 大脑，(2) 小脑，(3) 脑干。

大脑占脑的大部分，控制着思维、语言和记忆。大脑的每个区域都有一个特殊的功能。一个部分负责语言，一个部分负责身体运动，一个部分负责听觉，等等。

大脑有两个半球。右半球控制身体的左侧，左半球控制身体的右侧。两个半球通过神经信号进行交流。

小脑位于大脑后部下方，有助于控制身体的运动方式。它给人们提供平衡，确保不同的动作同时顺利进行。

脑干位于脑的底部。它就像一根茎，把脑和脊髓连接起来。脑干中有重要的神经中枢，它控制着呼吸、心跳和其他身体系统。这些系统无须人们有意识地控制即可运行。

脑的三个部分是协同工作的。例如，大脑和小脑一起工作时，人可以散步、跑步和投球。在这些活动中，脑干控制呼吸和心跳加速。

脊髓向下延伸至脊柱的约三分之二处，它是周围神经与脑之间的通路。

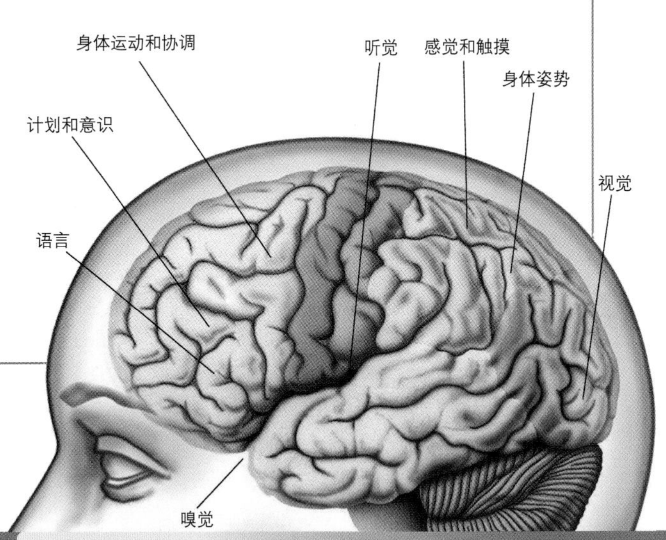

大脑是脑最大的部分，它被分成两个半球。这张图显示的是左半球。它控制着数学技能、语言能力和右侧身体的运动等。

脑垂体

Pituitary gland

脑垂体是一个腺体，也是人体的重要器官，腺体是产生人体所需的特殊化学物质的部位。脑垂体可以产生控制各种身体机能的激素。

脑垂体的大小和豌豆类似，位于脑部下方，与脑中的下丘脑相连。

脑垂体释放的激素控制着儿童的生长，另一些垂体激素控制着人体对食物的吸收以及母乳的产生，还有些垂体激素帮助肾脏储水以供后续使用。脑垂体释放的某些激素还能控制其他腺体分泌其他激素。

延伸阅读： 脑；腺体；激素；下丘脑。

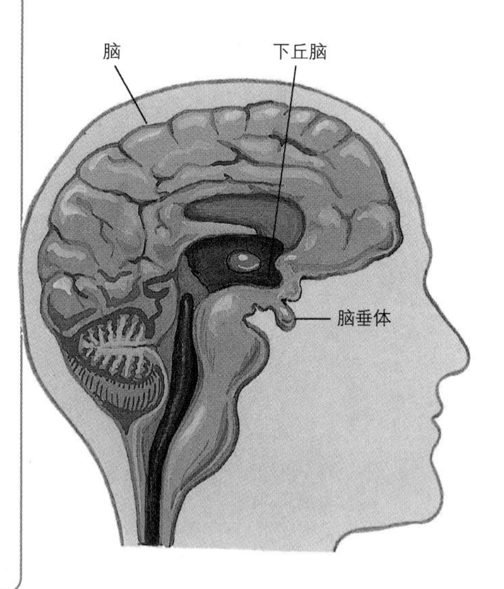

脑垂体与脑中的下丘脑相连，下丘脑向腺体发出信号，告诉它什么时候开始或停止释放某些激素。

脑膜炎

Meningitis

脑膜炎是一种影响脑部和脊髓的疾病。脊髓沿着脊柱内侧向下延伸，将身体的大部分神经与脑部相连。

脑膜炎通常是由细菌或病毒引起的。脑膜炎患者可能会发烧、感到胃部不适或颈部僵硬。大多数人都能及时康复，但在某些人身上，脑膜炎会使脑部膨胀。即使在痊愈后，这类人也可能有听力问题或其他困难。

医生可以用药物治疗由细菌引起的脑膜炎，但对病毒引起的脑膜炎尚无特效药。

延伸阅读： 细菌；脑；疾病；神经系统；脊柱；病毒。

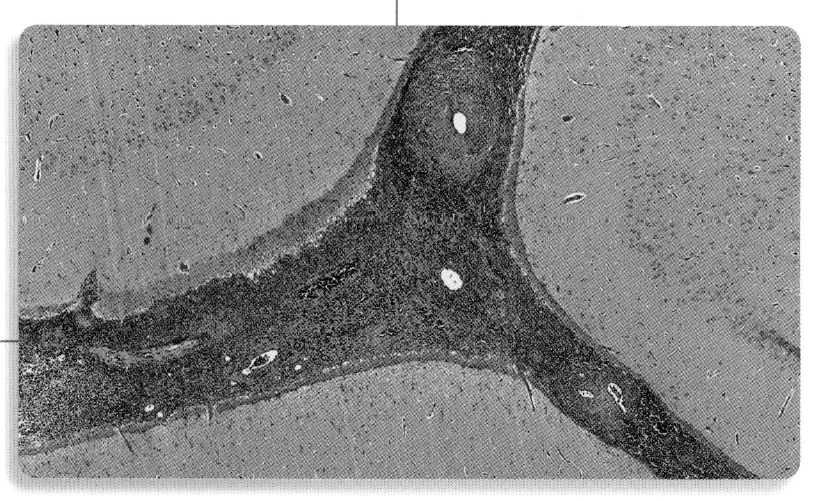

这张磁共振成像（MRI）扫描图像显示的是脑膜炎。

脑炎

Encephalitis

脑炎是指发生于脑部的炎症（肿胀以及其他刺激）。炎症是机体对感染或受伤的反应。脑炎通常由病毒引起，也可以由其他病原体或有害化学物质引起。

许多种类的病毒都可以引起脑炎。它们中的一些生活在动物体内，包括禽类和马。当有蚊子叮咬这些动物时，病毒会进入蚊子体内，随后如果蚊子再叮咬人类，被叮咬者就可能罹患脑炎。

一些脑炎患者只有轻微的症状，他们可能只会有几天的低烧和头痛。但是另一些患者则病情严重，可能出现听力、视力下降，难以说话和吞咽等。一些患者则可能死于脑炎。

医生可以帮助脑炎患者恢复健康，他们会根据病因选择不同的治疗方案。

延伸阅读： 脑；疾病；炎症；病毒。

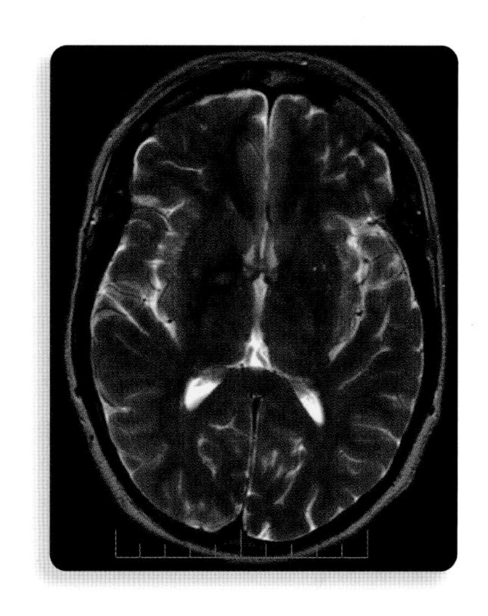

在这幅脑部磁共振成像的扫描图像中，出现了脑炎的症状。

脑震荡

Concussion

脑震荡是因头部受到猛击而导致的脑部损伤，猛击有可能使脑部内容物反弹撞击到头骨内侧，从而损害脑的外表面。脑震荡的人可能会失去意识；有时，呼吸会暂停数秒；也可能会产生呕吐、头晕目眩、严重的头痛等。脑震荡患者经常难以记起头部被猛击前后发生的事情。

脑震荡患者的不适症状可能会持续几天甚至几个月。发生脑震荡时应立即就医。反复的脑震荡和其他头部损伤可能会对脑部造成永久性伤害。

延伸阅读： 脑；意识；记忆。

脑震荡是由于头部受到猛击而导致的脑部损伤。脑震荡患者都应立即就医。

内科学

Internal medicine

内科学是处理身体内部问题的医学分科。病人去内科医生那里检查健康问题或体检。

内科医生通过提问开始检查。他们会询问病人的医疗问题、家族疾病和生活方式。接下来，他们给病人进行体检，也可以进行血常规、X 射线和其他检查。内科医生会利用所有这些信息来做出一个正确的判断，并决定治疗方法。内科医生可能会开处方或决定是否进行手术或其他必要的治疗。

延伸阅读：医学；医生。

内窥镜

Endoscope

内窥镜是一种用来探查人体内部的医疗器械。大多数内窥镜由一个末端有目镜的硬质或柔性空心管组成。内窥镜可以将光传输到被检查部位，医生可以通过目镜看到患者身体内部。

内窥镜分为几种，分别有各自的名称，并且用于探查体内的不同部位。例如，胃镜用来检查胃部。

一些手术可以通过内窥镜完成。例如，医生可以通过内窥镜导入激光以破坏体内异常组织。

延伸阅读：医学；胃；外科手术。

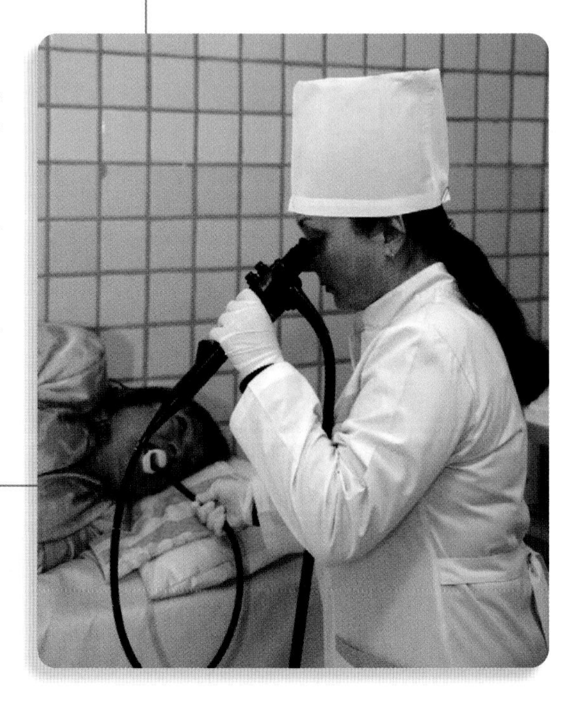

一位医生通过胃镜上的目镜检查患者胃部，该内窥镜通过连接口腔与胃部的食管插入。

尼古丁

Nicotine

尼古丁是一种在烟草植物的叶子、根和种子中发现的化学物质。纯尼古丁是有毒的，只要一点点就可以使人生病，变得非常虚弱，甚至死亡。

香烟和其他烟草制品含有少量尼古丁。当人们吸烟时，尼古丁很快被血液吸收并在几秒钟内到达大脑，人们便对烟草中的尼古丁上瘾了。上瘾意味着即使一个人知道一种物质是不健康的，他也无法停止使用这种物质。医生指出使用烟草制品是不健康的。

延伸阅读： 药物滥用；毒物。

烟草植物含有尼古丁。尼古丁导致吸烟成瘾。

黏液

Mucus

黏液是一种清澈黏稠的液体，存在于身体中黏膜的表面。黏膜位于口、鼻和其他身体器官内。黏液多为蛋白质和糖的混合物。

黏液使许多东西易于通过黏膜。例如，黏液帮助食物从食管滑下。黏液还能捕获污垢和其他异物并让这些东西远离身体。例如，鼻子里的黏液和毛发会捕获灰尘和其他不需要的颗粒。

延伸阅读： 食管；病原微生物；鼻。

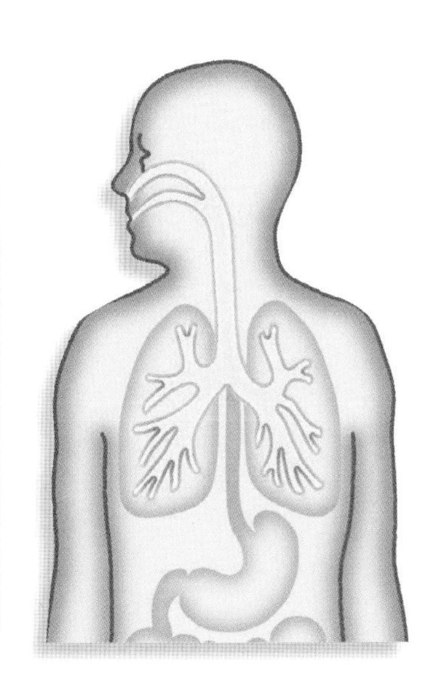

黏膜（用蓝色标出）产生能捕获病原微生物的黏液。细小的毛发状纤毛把黏液从肺和气管上传到口腔。

尿床

Bedwetting

尿床是在床上不受控制地排尿。它主要发生在 4 ~ 6 岁的儿童中，也可能发生在年龄较大的儿童和青少年中。尿床通常发生在晚上一个人熟睡的时候，也可能在白天小睡期间发生。一个人可能偶尔或者多次尿床。尿床通常发生在家中。

尿床常常因孩子的膀胱不能容纳一夜之间产生的所有尿液而发生。如果孩子在膀胱充盈时没有醒来，就会发生尿床。尿床没有害处，但它往往会让孩子感到尴尬，给父母带来压力。

父母不能因孩子尿床而惩罚他，这点很重要。他们应该让孩子相信这不是他的错。随着儿童年龄的增长，尿床通常会自行停止。有时候孩子可以通过养成一些简单的习惯而避免尿床。经常去洗手间，尤其是在睡觉前去洗手间，是很有帮助的。孩子也应该在睡前几小时避免饮水。尿床报警器可以在孩子开始排尿前叫醒他们，然后他们可以起床去洗手间。

延伸阅读：膀胱；儿童；泌尿系统；尿液。

尿液

Urine

尿液是人体制造的液体废物。健康人的尿液通常呈金色。一个成年人每天产生大约 1.4 升的尿液，但数量可能会有所不同。

尿液含有溶解的废物。肾脏清除血液中的水分和废物。尿液通过输尿管从肾脏转移到膀胱，并储存于膀胱内，然后通过尿道排出体外。

尿液的情况可以是人是否健康的标志。尿液中含糖是糖尿病的征兆；尿液中有血可能意味着肾脏已经受损，也可能意味着膀胱或肾脏的感染。

延伸阅读：膀胱；肾脏；泌尿系统。

牛皮癣

Psoriasis

牛皮癣是一种皮肤病，表现为皮肤上有干燥、发红的鳞状斑块。有些人只在身体上的一小块区域发病，还有些人可能全身发病。

在皮肤中，新生细胞在老旧细胞下方生长，对于大多数人来说，老旧细胞随着新生细胞的生长而脱落。但对于患牛皮癣的人而言，新生细胞生长速度太快，衰老后不会脱落。同时，体内的某些化学物质会使皮肤肿胀、发热和发痒。

医生可以给病人开药止痒，也有一些化学物质可以帮助皮肤细胞脱落并减缓它们的生长速度。

延伸阅读： 疾病；皮肤。

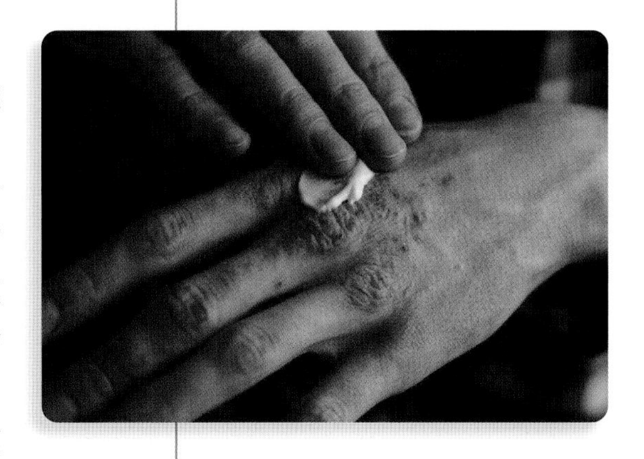

手上患牛皮癣的人将药膏涂抹在红癣上，各类乳液和软膏也可以控制皮肤病。

农场和耕作

Farm and farming

耕作是世界上最重要的工作之一。人们离开食物就无法存活，而我们的食物几乎都来自农场种植的农作物和饲养的动物。用来制作衣服的材料，比如棉和羊毛，也来自农场。

历史上大部分时间，大多数人都是农民，他们必须种植农作物养活自己。自 19 世纪以来，科技进步使得耕作更加便捷。人们发明了化学品,例如肥料和农药。肥料帮助农作物生长，农药则可以防治害虫、杂草和其他危害作物的生物。此外，人们开始将动

美国的大农场是高产的，这很大程度上是高效管理和使用节省人力的机器的结果。

力机械用于农业，很多农场大片种植单一作物，而不是在一片地里种植多种作物，单一栽培更易种植并且能够快速收获。这样一来，需要在农场工作的人也更少了。

所有作物都需要营养物质——即维持健康和生长的物质，以及足够的水分。土壤或泥土中含有大多数营养物质，并且也能储存农作物生长需要的水分。种植在土壤中的作物通过根部吸收养分和水分。

农作物需要不同数量的营养物质和水分才能健康生长，农民必须保证土壤和水分都适合作物，也要保证土壤健康。

为了更好地养殖牲畜，农民需要给予它们合适的食物、居所和医疗护理。许多牲口都被养在拥挤的牲口圈里，人们用高能量的食物喂养它们以使它们生长得更快。农民还会给牲畜用药以让它们更快生长并抵御疾病。

一些农产品来自转基因生物。科学家改变了这些生物的基因。转基因农作物更易于种植和运输。在有机农场，植物和动物都生长在无化肥、杀虫剂和药物的条件下。转基因食品不允许贴上有机标签。

延伸阅读： 农业；饥荒；食物；营养物质。

有机耕作充分利用自然物质来给土壤施肥，控制害虫，以及饲养牲口。有机养猪场里的猪都是用有机谷物和其他食物的混合物来喂养的。

耕作者翻动一排排玉米间的土壤。这个过程用于去除长在间隔较宽的作物中的杂草。

农业

Agriculture

现代农业使用诸如收割机之类的机器来获取大量的食物。

农业是指动植物养殖业。农业为我们提供了几乎所有的食物,还为我们提供了服装、燃料和工业材料。没有农业,就没有人类文明。

农产品来自植物,或者以植物为食的动物。农作物是指在农场种植的植物,包括玉米、大米和小麦。这些农作物为数十亿人提供食物。农作物也可以为牲畜提供食物,人们饲养这些动物从而获得肉类、奶类或蛋类。一些农作物被用作汽车燃料,另一些(如棉花和亚麻)被用来制作服装和其他材料。

在世界各地,数百万农民从事农业。一些农民使用古老的方法,他们种的农作物只够养家糊口。一些农民使用现代化的机器和化工产品。他们种植了大量农作物,饲养了大量动物,并出售农产品以获取利润。

农业几乎影响着人类社会的每一个方面。农产品是人们赖以生存的必需品。许多农民、科学家和商人为农业生产服务。农产品在全球市场上交易。政府控制和指导着农业生产的许多部门。

农业活动重塑了地球的大部分面貌。人们将森林、草原和其他自然环境开垦为农田。利用现代科技,农民可以收获大量的食物,但这类技术也会产生有害污染。一些现代农业方法试图避免污染环境。

在农业出现之前,人们通过捕猎野生动物和采集野生植物来获取食物。人们群居生活。他们通常不得不四处迁徙以获取足够的食物。人类大约在一万年前开始从事农业生产。随着农业的发展,人们可以年复一年地在同一个地方种植农作物,从而在一个地方定居下来。人们在定居地建立了村庄,并且一生都生活在那里。其中一些早期村庄发展成为伟大的文明。纵观历史,商人和征服者一直帮助将农作物和种植方法传播到世界各地。

延伸阅读: 农场和耕作;食物;饥饿;营养学;饥荒。

农业研究包括植物改良。这位研究员正在研究大豆植物以寻找增加粮食产量的方法。

脓肿

Abscess

脓肿是身体某部位被感染，导致脓液聚集而成的肿块。脓液是细菌、血浆和坏死细胞的混合物。脓液中还含有可以抗感染的白细胞。

脓肿几乎可以在身体的任何部位形成。它通常以红肿肿块的形式出现，这些肿块可能会破裂并且伴有脓液流出。因为脓液压迫神经，所以脓肿常会伴有疼痛。

有些脓肿很大，有些却很小。疙瘩是一种脓肿，疖子也是。较大的脓肿必须采取抗生素或手术治疗。不可以挤压脓肿，挤压可能导致细菌进入血液，从而感染身体其他部位。

延伸阅读： 痤疮；抗生素；炎症；皮肤。

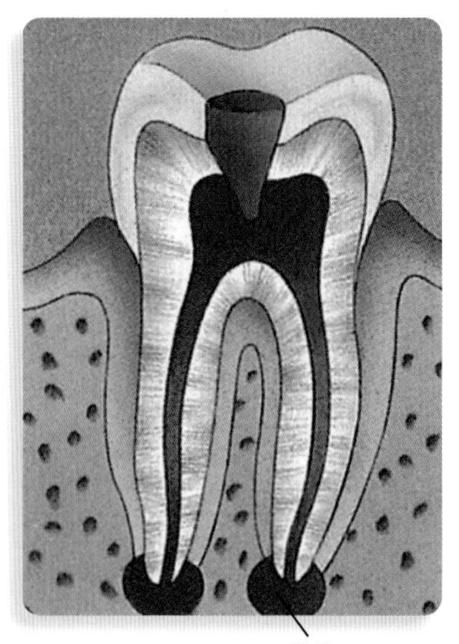

疟疾

Malaria

疟疾是一种广泛流行的人类疾病，是由一种单细胞寄生虫引起的。

引起疟疾的寄生虫很小，只有用显微镜才能看到。它们从某种蚊子的叮咬处进入人体。这种蚊子生活在闷热潮湿的热带地区。

疟疾患者每隔几天就会发冷和发烧，他们也可能有头痛、肌肉疼痛和胃部不适的症状。医生可以用药物保护人们免患疟疾。他们经常提前给人吃药，以使前往疾病多发地区旅行的人免患疟疾。

延伸阅读： 疾病；发热。

蚊虫叮咬可将疟疾传播给人类。公共卫生部门试图通过在疟疾流行地区喷洒杀虫剂来减少蚊虫数量。

呕吐

Vomiting

呕吐是胃内容物经口腔吐出的现象。呕吐的原因很多，包括压力、担忧、疾病、胃的刺激、怀孕、不寻常的动作或剧烈的疼痛。

当一个人呕吐时，肋骨底部的肌肉推动胃内容物，这种推动被称为干呕。干呕使胃内食物和液体向上挤压。当干呕迫使胃内容物通过食管时，人就会呕吐。食管是连接胃和咽喉的管道。

反复呕吐数小时可引起脱水，严重的会导致死亡。头部受伤后呕吐可能是大脑受损的征兆，出现这种情况应立即去医院就诊。

延伸阅读：脱水；恶心；胃。

帕金森病

Parkinson disease

帕金森病是一种会慢慢破坏脑部特定区域细胞的疾病。这些细胞参与调控身体的运动。帕金森病的症状包括双手颤抖、肌肉僵硬、运动缓慢以及平衡问题。帕金森病通常会影响 50 ~ 70 岁的人群。

帕金森病的影响是严重的。患者经常跛脚行走，也可能表现为书写困难或难以扣上衣服纽扣。面部肌肉可能变得僵硬，导致像面具一样的表情。患者可能在运动上产生困难，例如无法从椅子上站起来。

医生尚不清楚大多数帕金森病的病因。有些病例是由某些药物或毒物引起的。医生用药物治疗帕金森病。在某些情况下，他们可能会进行手术来破坏脑中受疾病影响的区域。

延伸阅读： 脑；肌肉；神经系统。

膀胱

Bladder

膀胱是体内暂时储存尿液的器官。

肾脏可产生尿液并过滤血液中的废物。尿液经输尿管进入膀胱，又经尿道从膀胱排出体外。

大多数人和其他动物都能控制膀胱中尿液的排出。当膀胱开始充盈时，它会伸展开来，这就向大脑发出了一个信号：是时候排尿了。

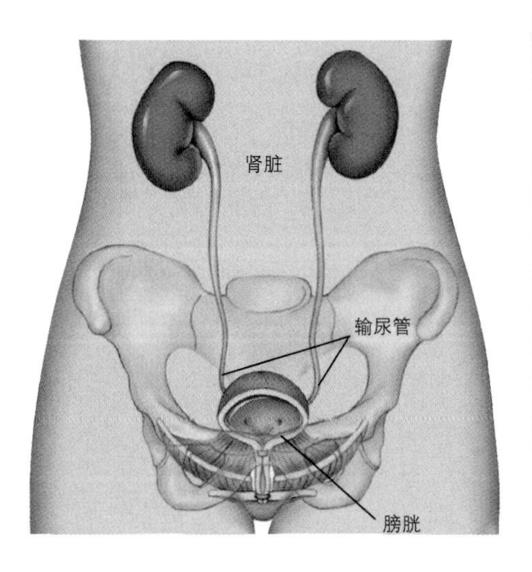

膀胱储存尿液。尿液由肾脏产生并经输尿管输送到膀胱。

女性

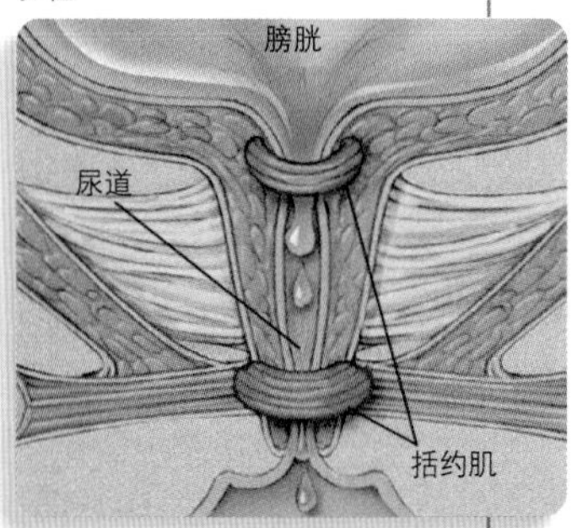

男性

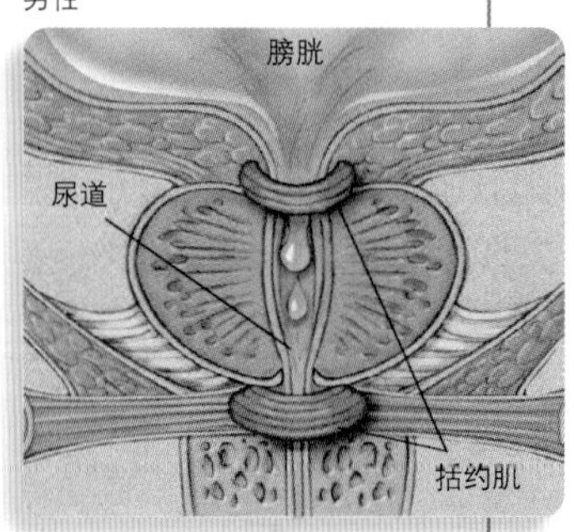

两个括约肌（肌肉环）的开启和关闭调节着尿液从膀胱向尿道的流动。尿液经尿道排出体外。

胚胎

Embryo

胚胎是处于生长初期阶段的动物或植物。胚胎通过精子（来自父方的特殊细胞）和卵子（来自母方的特殊细胞）的结合而形成，这一过程称为受精。受精卵随后开始不断分裂，形成彼此相互连接的细胞团，这种细胞团即为胚胎。胚胎可以发育为完整的动物或植物。

不同的动植物形成不同类型的胚胎。哺乳动物是以母乳哺育后代的动物。大多数哺乳动物的胚胎都在母体内生长。对人类而言，在受精后前2个月的幼体称为胚胎，随后直到出生都称为胎儿。

延伸阅读： 受精；胎儿；人类生殖。

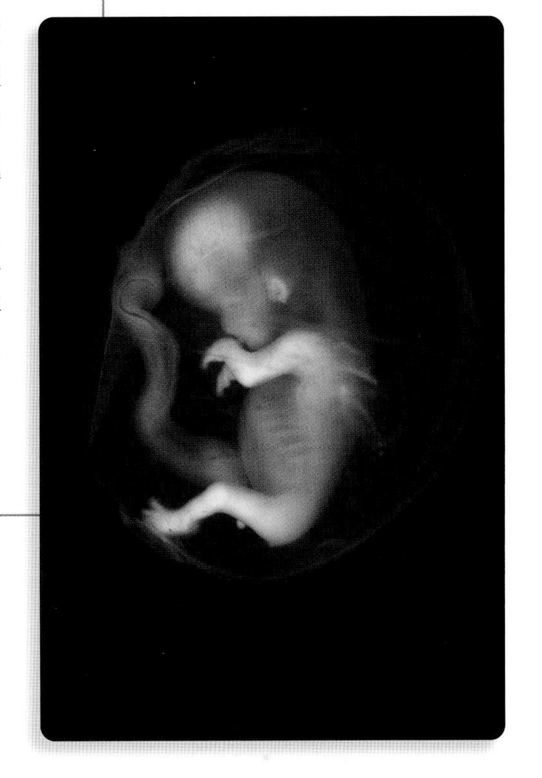

受精约2个月后，人类胚胎即发育为胎儿。

盆腔炎

Pelvic inflammatory disease

盆腔炎是女性盆腔的一种炎症。盆腔位于腿部和腹部之间，女性的盆腔容纳着膀胱、大肠末端和生殖器官。

盆腔炎影响子宫内膜、输卵管和下腹腔内壁，是由细菌从阴道扩散到骨盆引起的。

盆腔炎的症状包括下腹部疼痛、阴道分泌物增多、发热、恶心和呕吐。但许多患者没有或只有少数症状。在这种情况下，医生可能要到很晚才发现这种疾病。

盆腔炎会导致女性不孕，通常通过性交传播。医生可以用抗生素等药物治疗盆腔炎。

延伸阅读： 腹部；细菌；膀胱；疾病；骨盆；怀孕；性别；阴道。

皮肤

Skin

皮肤是人类和许多其他动物身体上的覆盖物，以许多不同的方式保护身体。皮肤将重要的液体保存在身体内部，这些液体有助于保持身体不同部位的健康。皮肤也会将某些有害物排出体外，如病菌。

皮肤有助于维持身体的正常温度。当一个人热的时候就会出汗，汗水使身体凉爽。冷的时候皮肤也有助于保持体内的热量。

皮肤的颜色来自黑色素。皮肤有制造黑色素的特殊细胞。深色皮肤的人，其皮肤细胞制造出的黑色素要比浅色皮肤的人多。

延伸阅读： 痤疮；真皮；表皮；雀斑；黑色素；痣；汗液；整形手术；皮肤癌；植皮术；晒伤；触觉；疣。

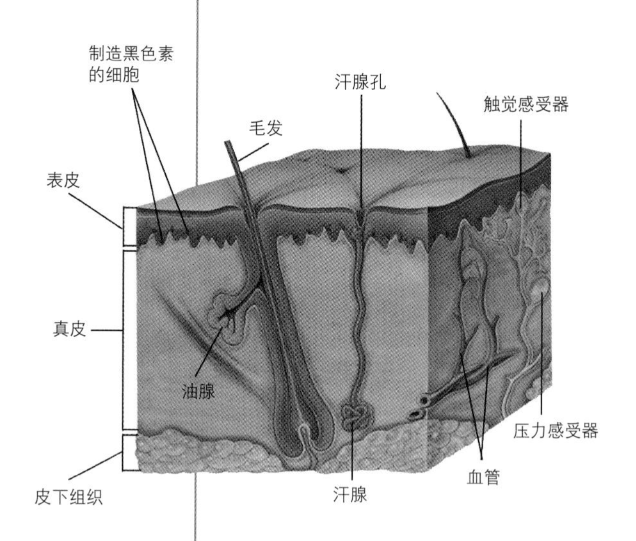

皮肤由三层组成：(1) 表皮；(2) 真皮；(3)皮下组织。皮肤还拥有毛发、汗腺和油腺、血管以及许多神经末梢，包括触觉和压力感受器。

皮肤癌

Skin cancer

皮肤癌指皮肤中的细胞不受控制地增殖，是世界上最常见的癌症之一。

皮肤细胞不断繁殖，制造出新的细胞来代替旧的细胞。有些东西会损害皮肤，特别是太阳光。有时，受损的皮肤细胞无序、不正常地大量繁殖，这种不受控制的增殖就是皮肤癌。

医生将皮肤癌分为两类：黑色素瘤和非黑色素瘤。黑色素瘤是最严重的类型。它是一种危险的癌症，可以扩散到身体的其他部位。如果早期发现，通常可以通过去除患处皮肤来治愈。非黑色素瘤皮肤癌很少扩散，治疗起来要容易得多。

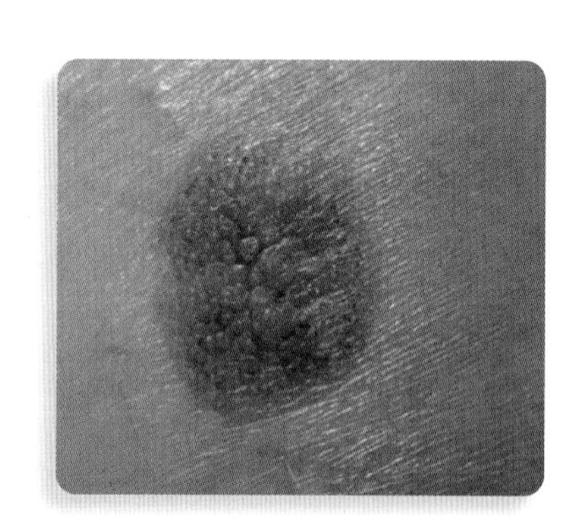

皮肤中有的细胞会产生色素来赋予皮肤天然的颜色，黑色素瘤就源自这种细胞。

预防皮肤癌的最好方法是保护皮肤免受过多的阳光照射。医生建议人们经常使用防晒霜，并穿防护服，还应该去了解黑色素瘤的早期症状，并定期检查皮肤。当皮肤的变化持续时间超过三周，人们就应该去咨询医生。

延伸阅读：癌症；细胞；疾病；皮肤；晒伤。

过度暴露在阳光下会导致皮肤癌。医生建议人们在户外时用防晒霜保护裸露的皮肤。

皮癣

Ringworm

皮癣是几种不同皮肤病的总称，这些疾病都是由真菌引起的。

最常见的一种皮癣多发于儿童，这种皮癣从皮肤上的小红点开始，小红点逐渐变大甚至变成硬币大小，接着红点内部愈合，留下一个红色的环，有时红点和环会发痒。

儿童和成人会患一种名为足癣的皮癣，足癣会影响脚趾之间皮肤的正常生长。此外，人们也会患头皮癣。

皮癣会在人与人之间迅速传播，医生会给病人开药来治疗皮癣。

延伸阅读：足癣；疾病；皮肤。

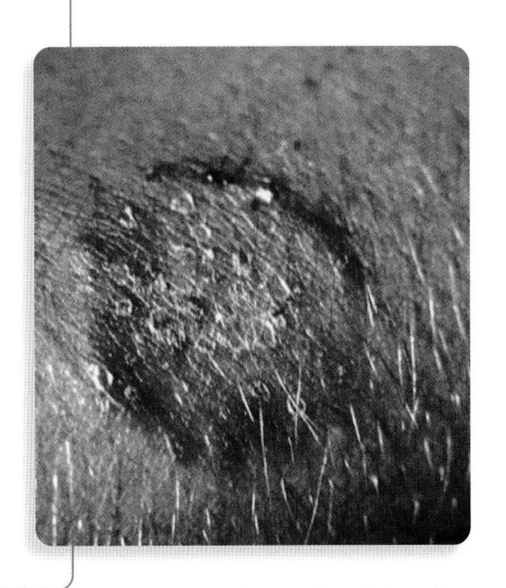

皮癣可能始发于皮肤上的一个小红点，随着红点变大，它的中间部分消失，留下一个红色的环。

脾脏

Spleen

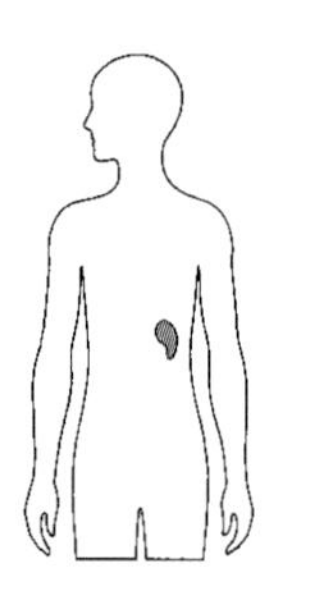

脾脏是一种海绵状的紫色器官，人的脾脏位于胃的左后方。在其他脊椎动物中，脾脏靠近胃或肠。

一个人的脾脏大约和他的拳头一样大。它有助于清除血液中的废物。血液通过脾脏，脾脏中的特殊细胞会消灭衰老或损坏的血细胞。

脾脏也有助于身体抵抗感染。脾脏中的白细胞释放抗体，削弱或杀死可导致感染的细菌。

延伸阅读： 抗体；血液；红细胞；白细胞。

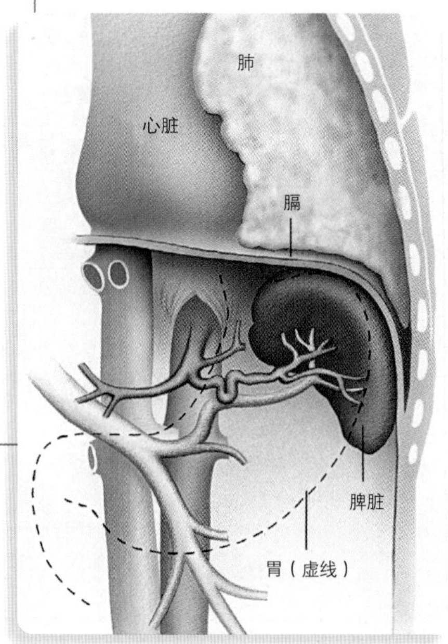

脾脏是一种海绵状器官，它能过滤血液中的外来物质和受损细胞。它还储存红细胞，以便在需要时释放到血液中。

偏头痛

Migraine

偏头痛是一种严重的头痛。偏头痛时，头部可能只有一侧疼痛。偏头痛患者也可能感到胃部不适。有些患者在头痛开始之前有眼花、眩晕等先兆。

医生发现，某些食物，如巧克力，可能会引发某些人的偏头痛。某些行为，如看到明亮的灯光，也可能成为触发因素。如果偏头痛患者避免这样的触发因素，他们头痛的发作次数可能就会变少。

医生认为偏头痛是由脑中一种叫作血清素的化学物质引起的。某些药物可以帮助偏头痛患者终止头痛发作。

延伸阅读： 脑；头痛。

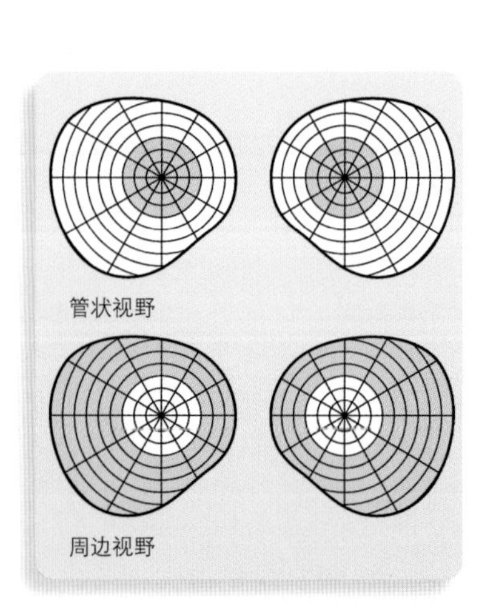

偏头痛可能会导致视觉问题，如管状视野或周边视野。阴影部分显示视区。

贫血

Anemia

贫血是指身体没有足够多的健康红细胞。红细胞将氧气输送到全身，人体细胞利用氧气制造能量。贫血会使人感到虚弱或疲倦，它是由身体不能产生足够数量的红细胞造成的，也可能是由身体内太多红细胞被摧毁而引起的。

贫血有很多原因。一些维生素的缺乏会阻碍身体产生足够的红细胞，出血性伤口或溃疡也会引起贫血。

贫血必须经医生治疗，治疗方法包括药物治疗和输血治疗。

延伸阅读： 出血；血液；循环系统；疾病。

破伤风

Tetanus

破伤风是一种影响肌肉功能的严重疾病，会引起颌部肌肉痉挛，造成张口困难。破伤风是由破伤风梭菌产生的毒素（毒物）引起的。这种细菌可以在泥土中生存，通过破损的皮肤进入人体。伤口处的任何污垢都可能含有破伤风梭菌。

破伤风症状通常在感染后数周内开始。患者先是头痛，很快出现张口或吞咽困难，再过一段时间，全身肌肉痉挛，可能会影响呼吸。如果不及时治疗，患者可能会因此而死亡。

为预防破伤风，应彻底清洗所有伤口。人们也可通过注射破伤风疫苗进行预防。如果发生破伤风，医生会使用抗毒素治疗。患有严重破伤风的人可能需要外科医生在气管上开一个口来帮助呼吸。

延伸阅读： 细菌；疾病；免疫接种；肌肉；毒素。

葡萄糖

Glucose

葡萄糖是糖类的一种，是大多数生物的主要能量来源。蜂蜜、葡萄和无花果含大量的葡萄糖。

葡萄糖是简单碳水化合物。碳水化合物用来为身体供能，还包括蔗糖和淀粉。

葡萄糖易被吸收，能够被植物和动物利用。在动物体内，葡萄糖可以从小肠直接进入血液。

血液中总是含有葡萄糖，血液中的葡萄糖称为血糖。饭后血糖水平升高，多余的血糖可以进入肝脏和肌肉，并被转化为脂肪储存起来。

延伸阅读： 血液；碳水化合物；糖尿病；胰岛素；糖。

普通感冒

Common cold

普通感冒是一种引起喉咙疼痛、咳嗽和鼻塞的疾病，也会导致发烧、呼吸困难、肌肉酸痛。各个年龄段的人都会感冒。

能引起普通感冒的病毒和细菌超过 100 种。大多数感冒会持续数天，重感冒可能会持续更长时间。感冒有时会很危险，因为它们可能导致其他疾病，这种情况在老年人和患有肺病或某些其他疾病的人中表现得更为突出。

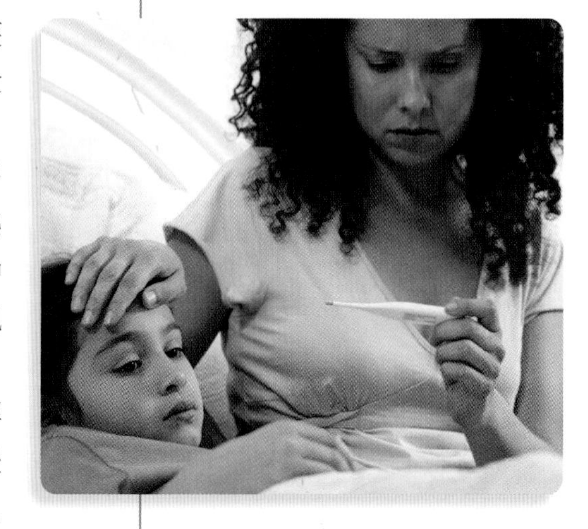

感冒的孩子躺在床上，她的母亲正通过测量体温来检查她是否发烧。

治疗普通感冒没有特效药，但药物仍可用来缓解感冒带来的问题，比如使用减轻疼痛的药物可以减轻肌肉酸痛；使用鼻部喷雾和滴剂有助于使呼吸更顺畅。发烧的人应该卧床休息，这可以让人得到充足的休息，还可以防止感冒的扩散传播。如果感冒持续很长时间或病情加重，应该立即就医。

感冒通过呼吸或飞沫传播。当患有感冒的人咳嗽或打喷嚏时，携带感冒病菌的微小液滴就会喷射到空气中。所以在咳嗽或打喷嚏时，人们应始终掩住口鼻，并在必要时洗手。

延伸阅读： 咳嗽；疾病；发热；病原微生物；打喷嚏；病毒。

图书在版编目（CIP）数据

人类. 1 / 美国世界图书公司编；陈仁杰等译. —
上海：上海辞书出版社，2021

（发现科学百科全书）

ISBN 978-7-5326-5447-5

Ⅰ.①人… Ⅱ.①美… ②陈… Ⅲ.①人类—少儿读
物 Ⅳ.①Q98-49

中国版本图书馆CIP数据核字（2019）第238614号

FAXIAN KEXUE BAIKEQUANSHU RENLEI 1

发现科学百科全书 人类 1

美国世界图书公司 编 陈仁杰 陈非儿 葛懿辉 姜宜萱 译

责任编辑 周天宏
装帧设计 姜 明 明 婕
责任印刷 曹洪玲

出版发行 上海世纪出版集团
上海辞书出版社（www.cishu.com.cn）
地 址 上海市陕西北路457号（邮政编码 200040）
印 刷 上海丽佳制版印刷有限公司
开 本 889×1194 毫米 1/16
印 张 11.5
字 数 263 000
版 次 2021年7月第1版 2021年7月第1次印刷
书 号 ISBN 978-7-5326-5447-5/Q·19
定 价 98.00元

本书如有质量问题，请与承印厂联系。电话：021-64855582